机械零件图识读与绘制

主　编　李　凤　王　佩

副主编　杨　旭　杨晓华

参　编　刘小棠　吕　宇　李珊珊

西南交通大学出版社

·成　都·

图书在版编目（CIP）数据

机械零件图识读与绘制 / 李凤，王佩主编. —成都：
西南交通大学出版社，2020.8
ISBN 978-7-5643-7574-4

Ⅰ．①机… Ⅱ．①李… ②王… Ⅲ．①机械元件－识
图②机械元件－制图 Ⅳ．①TH13

中国版本图书馆 CIP 数据核字（2020）第 158448 号

Jixie Lingjiantu Shidu yu Huizhi
机械零件图识读与绘制

主　编／李　凤　王　佩　　　　责任编辑／李　伟
　　　　　　　　　　　　　　　封面设计／吴　兵

西南交通大学出版社出版发行
（四川省成都市金牛区二环路北一段 111 号西南交通大学创新大厦 21 楼　　610031）
发行部电话：028-87600564　028-87600533
网址：http://www.xnjdcbs.com
印刷：成都中永印务有限责任公司

成品尺寸　185 mm×260 mm
印张　16.75　　字数　420 千
版次　2020 年 8 月第 1 版　　印次　2020 年 8 月第 1 次

书号　ISBN 978-7-5643-7574-4
定价　45.00 元

前言

为了积极响应国家职业教育改革的号召，成都市技师学院借鉴了德国职业教育理念，以学习领域为基础并结合我国职业教育特色，打破传统学科课程体系，以 13 个工业机器人学习领域重构工业机器人专业课程体系。《机械零件图识读与绘制》一书为 13 个学习领域中的学习领域二"工业机器人机械系统装配与调试"中的第一个模块"机械零件图识读与绘制"课程内容的相关配套教材。

本书借鉴德国职业教育教学理念，结合我国高等职业教育特点以及编者多年的职业教育教学经验编写而成，是一本职业类院校机械、自动化等专业的基础课程教材。本书以典型工作任务为载体，贯穿行动导向教学方式，并适当延伸知识领域，理论知识和实践能力并重，以培养学生的综合能力。本书将机械零件图的识读与绘制涉及的传统教学"机械制图"与"AutoCAD 应用技术"两门课程进行整合，划分成 6 个相对独立和完整的项目；同时，在内容安排上，对这些知识内容进行适当拓展，不仅可以保证学科知识的连续性和完整性，还能拓宽学生的学习空间。

项目一平面图形的绘制，选择典型的平面图形，从引导练习到任务的完成，要求学生掌握制图的基本规定和平面图形的分析与绘制步骤，并对AutoCAD 软件及其常用命令有一个初步的认识。项目二零件图的绘制，主要从工程图学中的正投影的认识和投影特点出发，对三视图的形成和绘制有一个正确的认知，为后面正确地识读零件图做好准备。项目三轴测图的绘制，是为了加强培养学生的空间立体感和空间思维能力，使学生从平面立体图认知很好地过渡到三维空间建模。项目四典型零件图的识读，以常见的四类零件特点为案例进行介绍，使学生掌握识读零件图的正确方法和技巧，同时也让学生掌握现在企业普遍的机械设计趋势——由三维实体到工程图的设计思路。项目五标准件与常用件的画法，以介绍机械行业常见标准件的简化画法为主，了解常见标准件的国家标准和行业标准。项目六装配图的识读，介绍常见装配图的表达方法和识读内容，为后期开展其他项目的学习做好充足的准备。

参加本书编写工作的有李凤（负责制定编写大纲、全书组织统稿以及项目一、项目二、项目四、附录的编写）、王佩（参与编写大纲的制定、全书统稿和修订以及项目六、附录的编写）、杨晓华（负责项目三的编写）、杨旭（负责项目五的编写）。本书在编写过程中还得到了成都国润通科技发展有限公司工程师王亮和马洋的技术指导，在此表示感谢；同时编者还参考了一些机械零件图识读与绘制方面的资料和文献，在此向相关作者表示衷心的感谢。

由于编者水平有限，时间仓促，书中难免有疏漏和不足之处，恳请广大读者提出宝贵意见。

编 者

2020 年 5 月

目 录

平面图形的绘制

本项目主要介绍机械图样绘制的常用标准和常用绘图工具的使用方法。通过平面图形吊钩的绘制，使学生掌握平面图形绘制的步骤和图形尺寸的标注原则，并且在引导任务中学习计算机辅助制图的基本知识。

知识目标 ▽

（1）了解制图的国家标准；
（2）掌握绘图工具的使用方法；
（3）掌握手工绘制平面图形的方法并正确标注尺寸。

能力目标 ▽

（1）能对平面图形的尺寸和线段类型进行分析，并确定绘制步骤和方法；
（2）能利用 AutoCAD 软件绘制简单的平面图形并正确标注尺寸；
（3）能正确查阅机械制图国家标准及其他相关标准。

任务布置 ▽

绘制吊钩的平面图

（1）先在 A4 图纸上按国家标准绘制好图框和标题栏；
（2）抄画图 1-1 并进行适当的尺寸标注，画图比例为 2∶1（忽略公差要求）；
（3）图形尺寸的标注按照尺寸标注的要求，并注意美观；
（4）在 AutoCAD 中创建自己的图形样板文件；
（5）在 AutoCAD 中修改图形标注样式；
（6）在 AutoCAD 中绘制平面图形并进行尺寸标注；
（7）能正确查阅机械制图国家标准及其他相关标准。

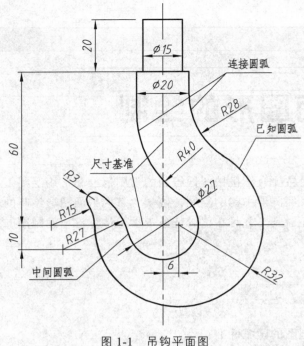

图 1-1 吊钩平面图

知识链接

第一部分 机械制图的基本知识

国家标准《技术制图》是一部基础性制图标准，是带有技术性质的图样都应遵守的共同规则；国家标准《机械制图》则是一部机械类专业制图标准。它们都是绘制和阅读机械图样的准则，所以必须严格遵守这些规定，树立标准化的概念。

一、图　线

《技术制图　图线》（GB/T 17450—1998）规定了图线的名称、形式、结构、标记及画法规则。此标准适用于各种技术图样，如机械、电气、建筑和土木工程等。

1. 线　型

《技术制图　图线》中规定了 15 种基本线型及其变形，供工程各专业选用。表 1-1 是目前工程建设备专业中常使用的图线，可供选用。

表 1-1　常用线型

线名及代码		线　型	一般用途
实线 01	粗		主要可见轮廓线
	中		可见轮廓线
	细		可见轮廓线、图例线等
虚线 02	粗		见有关专业制图标准
	中		不可见轮廓线
	细		不可见轮廓线、图例线等
点画线 04	粗		见有关专业制图标准
	中		见有关专业制图标准
	细		中心线、对称线等
双点画线 05	粗		见有关专业制图标准
	中		见有关专业制图标准
	细		假想轮廓线、成型前原始轮廓线
图线的组合			断开界线
波浪线 01 变形			断开界线

2. 图线的尺寸

所有线型的图线宽度（用 d 表示）应按图样的类型以及尺寸大小在下列数系中选择。该数系的公比为 $1:\sqrt{2}$（$\approx 1:1.4$），即 0.13 mm，0.18 mm，0.25 mm，0.35 mm，0.5 mm，0.7 mm，1 mm，1.4 mm，2 mm。

其中，粗线、中粗线和细线的宽度比为 4∶2∶1。在同一图样中，同类图线的宽度应一致。此外，标准对构成不连续性线条的各线素（点、短间隔、短画等）的长度也有规定。

3. 图线的画法

不论铅笔线还是墨线，都要做到：清晰整齐、均匀一致、粗细分明、交接正确。虚线、点画线、双点画线与同类线型或其他线型相交时，均应相交于"画线"处，如图 1-2 所示。两条平行线之间的最小间隙不得小于 0.7 mm。

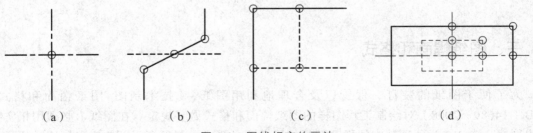

（a）　　　　　（b）　　　　　（c）　　　　　（d）

图 1-2　图线相交的画法

二、字 体

《技术制图 字体》（GB/T 14691—1993）规定了技术图样中字体（汉字、字母和数字）的结构形式及基本尺寸；规定书写字体必须做到：字体工整、笔画清楚、间隔均匀、排列整齐。字体高度（用 h 表示）的公称尺寸系列为 1.8，2.5，3.5，5，7，10，14，20 mm。字体高度代表字体的号数。

汉字应写成长仿宋体字，并采用国务院正式公布推行的《汉字简化方案》中规定的简化字。汉字的高度 h 不应小于 3.5 mm，字宽一般为 $h/\sqrt{2}$。

长仿宋体字的特点是笔画挺坚、粗细均匀、起落带锋、整齐秀丽。图 1-3 所示为长仿宋体字的字例。

10 号字

字体工整笔画清楚

7 号字

横平竖直注意起落

5 号字

技术制造汽车航空土木建筑矿台井坑港口

3.5 号字

技术制造汽车航空土木建筑矿台井坑港口

图 1-3 长仿宋体字字例

字母、数字可以写成斜体或直体。斜体字字头向右倾斜，与水平基准线成 75°；与汉字写在一起时，宜写成直体。数字和字母不应小于 2.5 号。字母和数字的书写字例如图 1-4 所示。

ABCDEFGHIJKLMN OPQRSTUVWXYZ

（a）大写拉丁字母（斜体、直体）

abcdefghijklmn opqrstuvwzyx

（b）小写拉丁字母（斜体、直体）

0123456789 0123456789

（c）阿拉伯数字（斜体、直体）

I II III IV V VI VII VIII IX X

（d）罗马数字（斜体、直体）

图 1-4 拉丁字母和数字字例

三、图纸幅面和格式

为了便于图纸的装订、保管以及合理地利用图纸，《技术制图 图纸幅面和格式》（GB/T 14689—2008）对绘制工程图样的图纸幅面和格式做了规定。在图纸上必须用粗实线画出图框。表 1-2 为图纸基本幅面和图框的尺寸（必要时，图纸幅面可按规定加长）。图 1-5 表示其格式和尺寸代号的意义，其中图 1-5（a）为横放格式，图 1-5（b）为竖放格式；图 1-5

（a）为不留装订边图纸的图框形式，图 1-5（b）为留有装订边图纸的图框格式。

表 1-2　图纸幅面和图框尺寸　　　　　　　　　　　　　单位：mm

幅面代号	A0	A1	A2	A3	A4
$B \times L$	841×1 189	594×841	420×594	297×420	210×297
e	20			10	
c	10			5	
a	25				

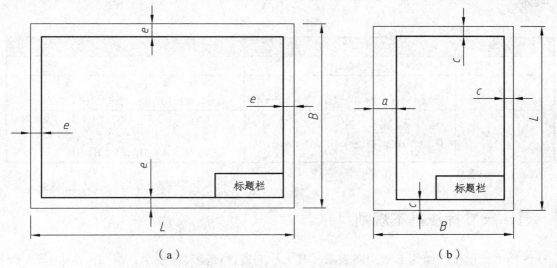

（a）　　　　　　　　　　　　　（b）

图 1-5　图纸幅面和图框格式

在每张正式的工程图纸上都应有工程名称、图名、图纸编号、日期、设计单位、设计人、绘图人、校核人、审定人的签字等栏目，把它们集中列成表格形式就是图纸的标题栏，简称图标。标题栏的位置一般在图框的右下角，见图 1-5，看图的方向应与标题栏的方向一致。

本课程的作业和练习都不是生产用图纸，所以除图幅外，标题栏格式和尺寸都可以简化或自行设计。在本课程作业中，标题栏可采用图 1-6 所示的格式。其中图名用 10 号字，校名用 7 号字，其余用 5 号字。

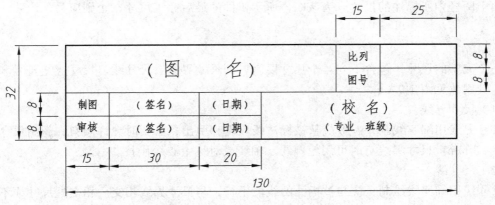

图 1-6　标题栏格式

四、比 例

比例为图中图形与其实物相应要素的线性尺寸之比。《技术制图 比例》(GB/T 14690—1993)规定了适用于技术图样和技术文件中绘图的比例和标注方法。

比值为 1 的比例,即 1:1,称为原值比例;比值大于 1 的比例,如 2:1 等,称为放大比例;比值小于 1 的比例,如 1:2 等,称为缩小比例。

绘图时应按表 1-3 规定的系列选取适当的比例。优先选择第一系列,必要时可以选取第二系列。

表1-3 比 例

种 类	第一系列	第二系列
原值比例	1:1	—
放大比例	$5:1$, $2:1$, $5 \times 10^n : 1$, $2 \times 10^n : 1$, $1 \times 10^n : 1$	$4:1$, $2.5:1$, $4 \times 10^n : 1$, $2.5 \times 10^n : 1$
缩小比例	$1:2$, $1:5$, $1:2 \times 10^n$, $1:5 \times 10^n$, $1:1 \times 10^n$	$1:1.5$, $1:2.5$, $1:3$, $1:4$, $1:6$, $1:1.5 \times 10^n$, $1:2.5 \times 10^n$, $1:3 \times 10^n$, $1:4 \times 10^n$, $1:6 \times 10^n$

注:n 为正整数。

五、尺寸标注基本规则

图样中,形体的结构形状用图表示,其大小则通过标注尺寸表达。制图标准中对尺寸标注做了一系列规定,应严格遵守。

1. 基本规定

(1)图样中的尺寸,以毫米(mm)为单位时,不需注明计量单位代号或名称,否则必须注明相应计量单位的代号或名称。

(2)图样中所注的尺寸数值是形体的真实大小,与绘图比例及准确度无关。

(3)每一尺寸在图样上一般只标注一次,并应标注在反映该结构最清晰的图形上。

(4)图样中所标注的尺寸,为该图样所示机件的最后完工尺寸,否则应另加说明。

2. 尺寸要素

一个完整的尺寸,包含下列 4 个尺寸要素,即尺寸界线、尺寸线、尺寸起止符号和尺寸数字。其用法见图 1-7(a)。

(1)尺寸界线。

尺寸界线用细实线画,一般应从被标注线段垂直引出,必要时允许倾斜,超出尺寸起止符号 2~3 mm。尺寸界线有时可用轮廓线、轴线或对称中心线代替。

(2)尺寸线。

尺寸线用细实线绘制,应与被标注的线段平行,与尺寸界线相交。相交处尺寸线不能超过尺寸界线。尺寸线必须单独画出,不能与图线重合或在其延长线上。相同方向的各尺寸的间距要均匀，间隔应大于 5 mm，以便注写尺寸数字和有关符号。

（3）尺寸起止符号。

尺寸起止符号有两种形式：箭头和中粗斜短线。箭头适用于各种类型的图形，其尖端必须与尺寸界线接触，但也不能超出，见图 1-7（b）。斜短线的倾斜方向应与尺寸界线成顺时针 45°角，长度为 2~3 mm，见图 1-7（a）。

当尺寸起止符号采用斜短线形式时，尺寸线与尺寸界线必须相互垂直，并且同一图样中除标注直径、半径、角度宜用箭头外，其余只能采用一种尺寸起止符号形式。

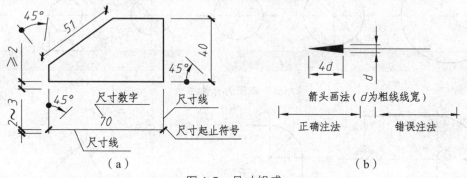

图 1-7　尺寸组成

（4）尺寸数字。

线性尺寸的数字一般注写在尺寸线上方或尺寸线中断处。同一图样内字号大小一致，位置不够可引出标注。尺寸数字前的符号区分不同类型的尺寸，如 ϕ 表示直径，R 表示半径，□表示正方形等。

尺寸数字的书写位置及字头方向应按图 1-8（a）的规定注写；30°斜区内应避免注写，不可避免时，应按图 1-8（b）所示的方式注写；任何图线不得穿过尺寸数字，不可避免时，应将图线断开；尺寸数字也不得贴靠在尺寸线或其他图线上，如图 1-8（c）、（d）所示；如果尺寸界线较密，注写尺寸数字的间隙不够时，可采用如图 1-8（e）所示的注写形式。

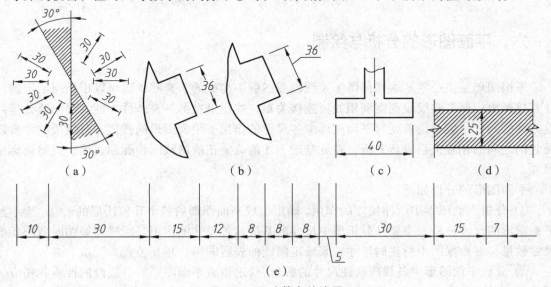

图 1-8　尺寸数字的注写

3. 直径、半径、角度的注法

一般大于半圆的圆弧或圆应标注直径，而对于半圆或小于半圆的圆弧，则应标注半径。标注角度时，尺寸数字一律要水平书写（见图1-9）。标注直径、半径、角度时起止符号宜用箭头。

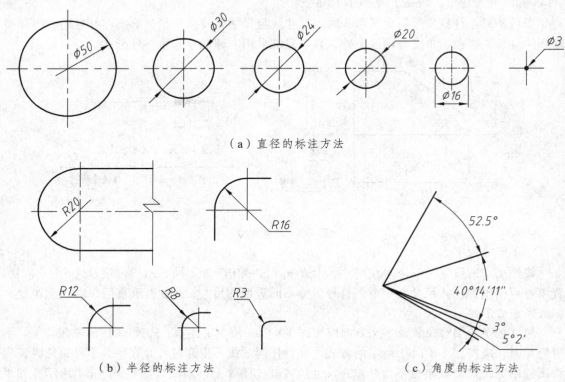

（a）直径的标注方法

（b）半径的标注方法　　　　　　　　（c）角度的标注方法

图1-9　直径、半径、角度的标注

六、平面图形的分析与绘制

平面图形是由一些基本几何图形（线段或线框）构成的。有些线段可以根据所给定的尺寸直接画出；而有些线段则需利用线段连接关系，找出潜在的补充条件才能画出。要处理好这方面的问题，就必须首先对平面图形中各尺寸的作用、平面图形的构成、各线段的性质以及它们之间的相互关系进行分析，在此基础上才能确定正确的画图步骤和正确、完整地标注尺寸。

平面图形的分析如下：

① 分析平面图形中所注尺寸的作用，确定组成平面图形的各个几何图形的形状、大小和平面图形的尺寸分析，主要是分析图中尺寸的基准和各尺寸的作用，以确定画图时所需要的尺寸数量，并根据图中所注的尺寸，来确定画图的先后顺序、相互位置。

② 分析平面图形中各线段所注尺寸的数量，确定组成平面图形的各线段的性质和相应的画法。

通过分析，掌握尺寸与图形之间的对应关系，从而可以解决以下两个方面的问题：

① 在画图时，能通过对平面图形的尺寸分析，确定各线段的性质和画图顺序。即由尺寸分析，确定平面图形的画法。

② 在标注平面图形尺寸时，能运用尺寸分析，确定应该标注哪些尺寸，不该标注哪些尺寸。即由尺寸分析，确定平面图形的尺寸注法。

1. 平面图形的尺寸分析

平面图形中的尺寸可根据其作用不同，分为定形尺寸和定位尺寸两类。用来表示平面图形中各个几何图形的形状和大小的尺寸，称为定形尺寸，如直线段的长度、圆及圆弧的直径或半径、角度的大小等。而用来表示各个几何图形间的相对位置的尺寸，称为定位尺寸。如图 1-10 中，尺寸 20 mm、100 mm 都是定位尺寸，而其他尺寸均为定形尺寸。

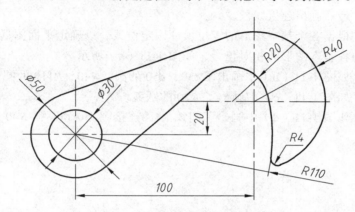

图 1-10　平面图形的尺寸和线段分析

应该说明的是，有时某些尺寸既是定形尺寸，又是定位尺寸。

2. 平面图形的线段分析

分析平面图形中各线段所注尺寸的数量，确定平面图形中线段的性质和画法，确定平面图形中任一几何图形，一般需要三个条件：两个定位条件，一个定形条件。例如确定一个圆，应有圆心的两个坐标及直径尺寸。凡已具备三个条件的线段可直接画出，否则要利用线段连接关系找出潜在的补充条件才能画出。因此，平面图形中的几何图形一般可按其所注定形、定位尺寸的数量分为已知线段、中间线段和连接线段三类。下面以图 1-10 为例加以讨论。

（1）已知线段（圆弧）。

凡是定形尺寸和定位尺寸均直接给全的线段，称为已知线段（圆弧）。画图时应首先画出已知线段。如图 1-10 中的 $\phi30$、$\phi50$ 的圆，$R40$、$R110$ 的圆弧均为已知线段。

（2）中间线段（圆弧）。

有定形尺寸，但定位尺寸没直接给全（只给出一个定位尺寸）的圆弧，称为中间弧。对于直线来说，过一已知点（或已知直线方向）且与定圆弧相切的直线为中间线段。中间线段（圆弧）必须根据与相邻已知线段的相切关系才能完全确定，如图 1-10 中的 $R20$ 圆弧，其圆心的一个定位尺寸 20 为已知，但另一个定位尺寸则需根据其与 $R110$ 圆弧相内切的关系来确定，故 $R20$ 圆弧为中间弧。

（3）连接线段（圆弧）。

只有定形尺寸，而无定位尺寸的圆弧，称为连接弧。对于直线来说，两端都与圆相切，而不注出任何尺寸的直线为连接线段。连接线段（圆弧）必须根据与相邻中间线段或已知线段的连接关系，用几何作图方法画出，如图 1-10 中的 $R4$ 圆弧及连接 $\phi50$ 和 $R40$、$R20$ 圆弧的两条直线均为连接线段。连接线段需最后画出。

必须指出，在两条已知线段之间，可有任意条中间线段，但在两条已知线段之间必须有，也只能有一条连接线段。否则，尺寸将出现缺少或多余。

3. 平面图形的画图步骤分析

画平面图形时，在对其尺寸和线段进行分析之后，需先画出所有的已知线段，然后顺次画出各中间线段，最后画出连接线段。

画基准线，并根据各个基本图形的定位尺寸画定位线，以确定平面图形在图纸上的位置和构成平面图形的各基本图形的相对位置，如图 1-11（a）所示。

画已知线段：如图 1-11（b）中画出了 $\phi30$、$\phi50$ 的圆，$R40$、$R110$ 的圆弧。

画中间线段：如图 1-11（c）中画出了 $R20$ 的圆弧。

画连接线段：如图 1-11（d）中画出了圆弧 $R4$，连接圆 $\phi50$ 和圆弧 $R40$、$R20$ 的两直线。

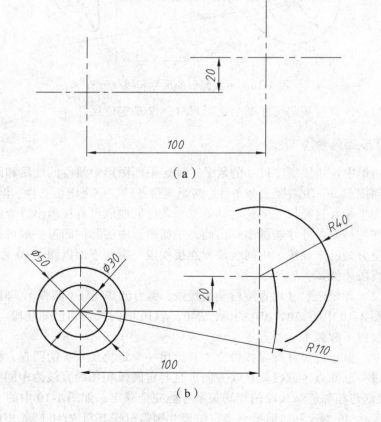

（a）

（b）

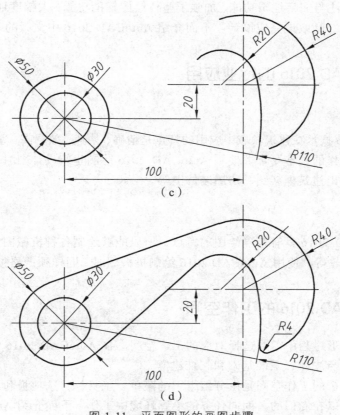

图 1-11　平面图形的画图步骤

4. 标注尺寸

平面图形画完后，需按照正确、完整、清晰的要求来标注尺寸。即标注的尺寸要符合国标规定，尺寸不出现重复或遗漏；尺寸要安排有序，注写清楚。

5. 填写标题栏及文字说明

标题栏内各栏要认真填写，包括姓名、日期、单位和图号等。

6. 检查整理

整理全图，仔细检查无误后加深图线。

第二部分　AutoCAD 的基础知识

AutoCAD 2016 是美国欧特克（Autodesk）公司发布的 AutoCAD 软件版本，可以使用户以更快的速度、更高的准确性绘制出具有丰富视觉的设计图和文档。AutoCAD 2016 增强了

PDF 输出、尺寸标注与文字编辑功能，加强了整体绘图辅助功能，大幅度地改善了绘图环境，使用户能够更快速、高效地完成设计。下面介绍 AutoCAD 2016 中文版的基础知识。

一、AutoCAD 2016 的行业应用

1. 建筑行业

AutoCAD 2016 技术在建筑领域中应用的特点是精确、快速、效率高，掌握 AutoCAD 2016 是从事建筑设计工作的基本要求。使用 AutoCAD 2016 绘制建筑设计图时，须严格按照国家标准，精确地绘制出建筑框架图、房屋装修图等。

2. 机械行业

由于 AutoCAD 2016 具有精确绘图的特点，所以能够绘制各种机械图，如螺栓、扳手、钳子、打磨机和齿轮等。使用 AutoCAD 2016 绘制机械图时，同样须严格按照国家标准绘制。

二、AutoCAD 2016 的工作空间

用户在绘制图形过程中需要选择对应的工作空间。在 AutoCAD 2016 中文版中，常用的工作空间分为草图与注释、三维基础和三维建模。

AutoCAD 2016 的工作空间是由分组组织的菜单、工具栏、选项板和功能区控制面板组成的集合，用户可以在专门的、面向任务的绘图环境中工作。下面介绍 AutoCAD 2016 中文版的几种工作空间的知识。

1. 草图与注释空间

草图与注释空间是 AutoCAD 2016 中文版的默认工作空间，它包括【应用程序】按钮 、命令行、状态栏、选项卡和面板等。图 1-12 是 AutoCAD 2016 中文版草图与注释空间的界面。

图 1-12　草图与注释空间界面

2. 三维基础空间

三维基础空间包括【应用程序】按钮、命令行、状态栏、选项卡和面板等，其中面板包括绘制与修改三维图形的工具。图 1-13 是 AutoCAD 2016 三维基础空间的工作界面。

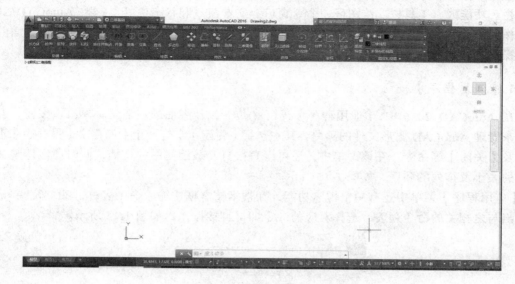

图 1-13　三维基础空间的工作界面

3. 三维建模空间

三维建模空间集中了三维图形绘制与修改的全部命令，同时也包含常用二维图形绘制与编辑命令。AutoCAD 2016 的三维建模空间界面包括【应用程序】按钮、命令行、状态栏、选项卡和面板等，如图 1-14 所示。

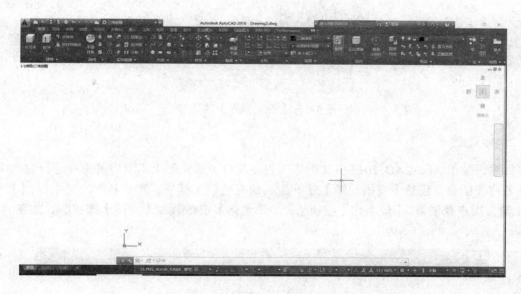

图 1-14　三维建模空间的工作界面

三、AutoCAD 2016 的工作界面

AutoCAD 2016 中文版的工作界面包括【应用程序】按钮、标题栏、快速访问工具栏、菜单栏、功能区、工具栏、绘图区、命令窗口、文本窗口和状态栏等。熟悉 AutoCAD 2016 的工作界面，可以很方便地绘制图形。下面将重点介绍 AutoCAD 2016 中文版工作界面的知识与操作技巧。

1.【应用程序】按钮

在 AutoCAD 2016 中，【应用程序】按钮 位于工作界面的左上角。单击该按钮，会弹出用来管理 AutoCAD 图形文件的菜单，其中包括【新建】、【打开】、【保存】、【另存为】、【输出】及【关闭】等命令。在该菜单中，还可以直接打开最近使用的文档，同时还能调整文档图标的大小及排列的顺序，如图 1-15 所示。

【应用程序】菜单中还有一个搜索功能，在搜索文本框中输入命令名称，如"直线"，即会弹出与之相关的命令列表，选择对应的命令即可直接操作，如图 1-15 所示。

图 1-15 【应用程序】菜单

2. 标题栏

标题栏位于 AutoCAD 2016 中文版应用程序窗口顶部，用于显示当前正在运行的程序和文件名称等信息，包括【应用程序】按钮 、快速访问工具栏、软件名称、文件名、【搜索】按钮 、用户登录器、【最小化】按钮 、【最大化】按钮 和【关闭】按钮 ，如图 1-16 所示。

图 1-16 标题栏

3. 快速访问工具栏

AutoCAD 2016 中文版的快速访问工具栏位于标题栏的左侧，包含【新建】、【打开】、【保存】、【另存为】、【打印】和【放弃】等常用的快捷按钮。通过【自定义快速访问工具栏】按钮▼可以显示或隐藏常用的快捷按钮，如图 1-17 所示。

图 1-17　快速访问工具栏

4. 菜单栏

AutoCAD 2016 中文版的菜单栏包括【文件】、【编辑】、【视图】、【插入】、【格式】、【工具】、【绘图】、【标注】、【修改】、【窗口】、【帮助】和【参数】等菜单项，使用这些菜单项，用户可以方便地查找并使用相应功能，如图 1-18 所示。

文件(F)　编辑(E)　视图(V)　插入(I)　格式(O)　工具(T)　绘图(D)　标注(N)　修改(M)　窗口(W)
帮助(H)　参数(P)

图 1-18　菜单栏

● 文件：该菜单用于新建、打开、保存图形文件等操作，还可以对图形文件的页面进行设置。

● 编辑：该菜单用于剪切、复制、删除和查找图形文件等常规操作。

● 视图：该菜单用于管理 AutoCAD 工作界面的菜单，如重画、重生成、缩放和平移等操作。

● 插入：该菜单用于在 AutoCAD 绘图状态下，插入绘图所需的块或字段等，还可以插入或创建布局。

● 格式：该菜单用于设置与绘图有关的参数，如图层、线型、文字样式和标注样式等。

● 工具：该菜单中的辅助绘图工具，可以进行查询、更新字段、切换工作空间等操作。

● 绘图：该菜单中包含绘制二维或三维图形时需要用到的命令，如直线、多边形、圆和文字等。

● 标注：该菜单用于对绘制的图形进行尺寸标注，如快速标注、圆弧标注和半径标注等。

● 修改：该菜单的功能是对所绘制的图形进行修改，如镜像、阵列、旋转和修剪等。

● 窗口：在多文档状态时，窗口菜单可以对各文档进行屏幕布置，如将多文档层叠、排列图标等。

● 帮助：使用 AutoCAD 2016 中文版需要帮助时可以使用该菜单。

● 参数：该菜单中包含多种约束命令，如垂直、平行、相切和水平等。

5. 功 能 区

通俗地讲，AutoCAD 2016 中文版的功能区相当于传统版本中的菜单栏和工具栏，由很多选项卡组成。它是将 AutoCAD 常用的命令进行分类，分别出现在【草图与注释】、【三维基础】和【三维建模】三种工作空间中。下面以【草图与注释】工作空间为例来介绍功能区的组成。

【草图与注释】工作空间包括【默认】、【插入】、【注释】、【参数化】、【视图】、【管理】、【输出】、【附加模块】、【A360】、【精选应用】等选项卡，各选项卡中包含多个区，区中又放置了若干个按钮。为节省时间，提高工作效率，AutoCAD 2016 默认显示当前操作的选项卡，使用户从烦琐的操作中解放出来，如图 1-19 所示。

图 1-19　功能区

6. 工具栏

AutoCAD 2016 中文版的工具栏包含多种绘图辅助工具，某些隐藏状态的工具栏都可以通过【工具】菜单中的工具栏功能调出。在【工具】菜单中选择【工具栏】→【AutoCAD】命令，再选择该子菜单下的命令，即可调出相应的工具栏，如图 1-20 所示。

图 1-20　工具栏

7. 绘图区

绘图区是绘制和编辑二维或三维图形的主要区域，由坐标系图标、视口控件、视图控件、视觉样式控件、ViewCube 和导航栏组成，是一个无限大的图形窗口，使用时可以通过【缩放】、【平移】等命令查看绘制的对象，如图 1-21 所示。

绘图区

图 1-21　绘图区

8. 命令窗口与文本窗口

在 AutoCAD 2016 中文版中，命令窗口与文本窗口用于提示信息和输入命令，一般命令窗口位于绘图窗口的底部，由命令行和命令历史区组成，如图 1-22 所示。

文本窗口在 AutoCAD 2016 中默认不显示，可以直接按快捷键 F2 调用文本窗口，如图 1-23 所示。

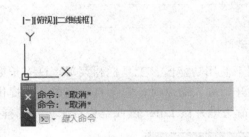

图 1-22　命令窗口

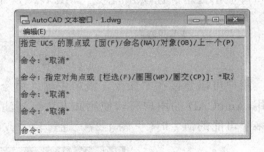

图 1-23　文本窗口

9. 状态栏

状态栏位于工作界面的底部，主要用于显示 AutoCAD 的工作状态，由快速查看工具、坐标值、绘图辅助工具、注释工具和工作空间工具组成，如图 1-24 所示。

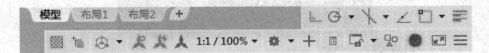

图 1-24　状态栏

四、AutoCAD 的基本操作技巧

1. 查看快速访问工具栏

AutoCAD 在绘图区域的顶部包含标准选项卡式功能区，可以从"常用"选项卡访问本书中出现的几乎所有的命令。此外，下面显示的"快速访问"工具栏包括熟悉的命令，如"新建""打开""保存""打印""放弃"等，如图 1-25 所示。

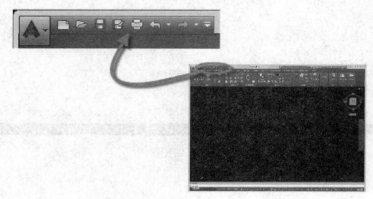

图 1-25　快速访问工具栏

2."命令"窗口

AutoCAD 界面的核心部分是"命令"窗口，它通常固定在应用程序窗口的底部。"命令"窗口可显示提示、选项和消息，如图 1-26 所示。

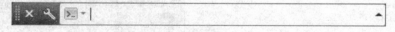

图 1-26　命令窗口

用户可以直接在"命令"窗口中输入命令，而不使用功能区、工具栏和菜单。许多长期使用 AutoCAD 的用户喜欢使用此方法。请注意，开始键入命令时，它会自动完成，当提供了多个可能的命令时（见图 1-27），通过单击或使用箭头键并按 Enter 键或空格键来进行选择。

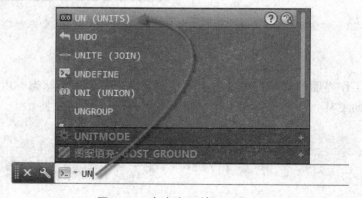

图 1-27　命令窗口输入时显示

3. 鼠标的应用

鼠标左键一般用于选择对象和指定光标位置，右键用于调出快捷菜单，中键用于图形的平移和缩放，中键与 Shift 键配合使用可进行实体旋转操作，如图 1-28 所示。

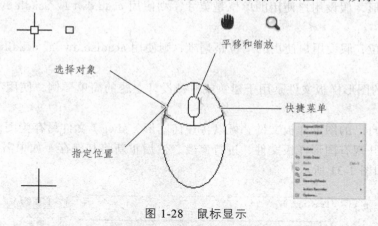

图 1-28　鼠标显示

提示：查找某个选项时，可尝试单击鼠标右键。根据定位光标的位置，不同的菜单将显示相关的命令和选项。

4. 新建和保存文件

启动 AutoCAD 2016 中文版应用程序，在快速访问工具栏中单击【新建】按钮 （见图 1-29），弹出【选择样板】对话框，选择图形样板（见图 1-30），单击【打开】按钮，新建一个图形文件。

图 1-29　新建命令

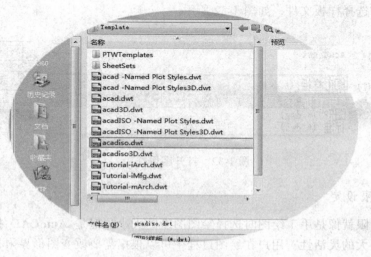

图 1-30　图形样板

大多数公司使用符合公司标准的图形样板文件。他们通常使用不同的图形样板文件，具体取决于项目或客户。这些设置都可以保存在图形样板文件中。单击"新建"以从下面几个图形样板文件中进行选择：

对于英制图形，假设用户使用的单位是英寸，则使用 acad.dwt 或 acadlt.dwt 图形样板文件。

对于公制单位，假设用户使用的单位是毫米，则使用 acadiso.dwt 或 acadltiso.dwt 图形样板文件。

图 1-30 中的图形样板文件是用于建筑或机械设计主题的简单样例，使用英制（i）和公制（m）版本。

如果要创建自己的图形样板文件，可以将任何图形（.dwg）文件另存为图形样板（.dwt）文件。也可以打开现有图形样板文件，进行修改，然后重新将其保存（如果需要，应使用不同的文件名），如图 1-31 所示。

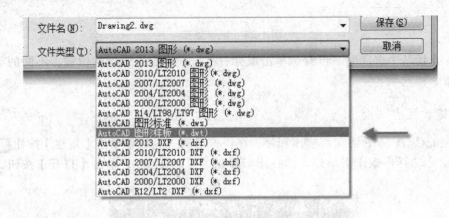

图 1-31 创建图形样板

要修改现有的图形样板文件，单击"打开"，在"选择文件"对话框中指定"图形样板（*.dwt）"并选择样板文件，如图 1-32 所示。

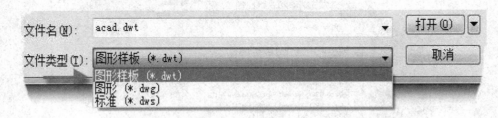

图 1-32 打开图形样板

5. 绘图界限设定

设置图形界限就像是手工绘图时选择绘图图纸的大小，但是 AutoCAD 提供的设置图形界限功能具有更大的灵活性。用户在绘图过程中可以根据需要改变图形界限，也可以不受已设置图形界限的限制，使所绘图形超出界限。

用于设置图形界限的命令是 LIMTS。可以通过下拉菜单项"格式"→"图形界限"执行该命令，如图 1-23 所示。

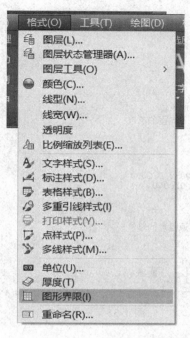

图 1-33 图形界限

6. 绘图单位的设定

第一次开始绘制图形时，需要确定一个单位表示长度（英寸、英尺、厘米、千米或某些其他长度单位）。如图 1-34 所示，对象可能表示两栋长度各为 125 英尺的建筑，或者可能表示以毫米为测量单位的机械零件截面。

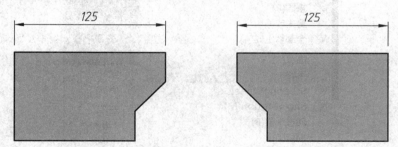

图 1-34 单位显示设置

选择使用英尺和英寸时，使用 UNITS 命令将单位类型设置为"建筑"，然后在创建对象时，可以指定其长度单位为英寸。选择使用公制单位时，保留将单位类型设置为"小数"，则更改单位格式和精度不会影响图形的内部精度。它只会影响长度、角度和坐标在用户界面中如何显示。

如果需要更改 UNITS 设置（见图 1-35），确保将图形另存为图形样板文件。否则，需要更改每个新图形的 UNITS 设置。

图 1-35　图形单位

7. 图形移动和缩放显示

移动对象是改变指定图形相对于其他图形的位置，移动视图则是移动整个图形，使图形的特定部分位于显示的屏幕中，就像是移动整张图纸，使某部分图形显示在计算机屏幕内。通过下拉菜单项"视图"→"平移"可以实现图形的移动，见图 1-36。

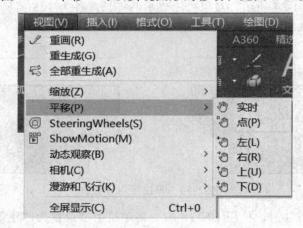

图 1-36　平移

缩放对象是改变指定图形的实际尺寸，使其按比例放大或缩小。缩放视图只是改变图形的显示比例，以放大图形来观看局部细节或缩小图形观看全貌。执行缩放视图操作后，图形的实际尺寸仍保持不变。实现缩放视图的命令是 ZOOM（此命令是透明命令）或通过下拉菜单项"视图"→"缩放"实现缩放显示，如图 1-37 所示。

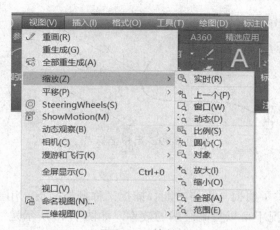

图 1-37　缩放

　　最简单的图形移动和查看方式是通过使用鼠标上的滚轮更改视图。通过滚动滚轮缩小或放大；通过按住滚轮并移动鼠标，可以任意方向平移视图；通过单击滚轮两次，将图形缩放至模型的范围。

　　8. 世界坐标系和用户坐标系

　　AutoCAD 分世界坐标系和用户坐标系，世界坐标系是 AutoCAD 的默认坐标系，在绘图区的左下角，如图 1-38 所示。用户坐标系是用户自己指定原点和轴向的坐标，一般在绘制三维图形时使用。用户坐标系（UCS）图标表示输入的任何坐标是正 X 和 Y 轴的方向，并且它还定义图形的水平方向和垂直方向。

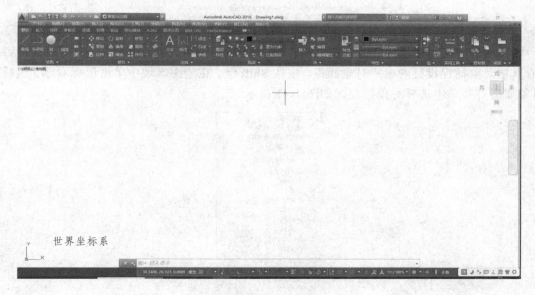

图 1-38　世界坐标系

　　在某些二维图形中，可以方便地单击、拖动和旋转用户坐标系（UCS）以更改其原点、水平方向和垂直方向，如图 1-39 所示。

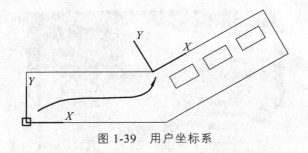

图 1-39　用户坐标系

9. 对象捕捉设定

AutoCAD 2016 提供了捕捉与栅格功能。捕捉又称栅格捕捉，用于设定光标的移动间距。利用此功能，在某些情况下可以提高绘图的效率。如图 1-40 所示是"捕捉与栅格"选项卡，可以系统设置捕捉功能。

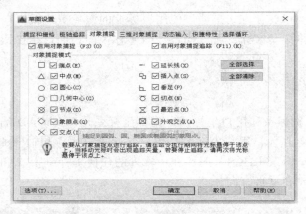

图 1-40　对象捕捉设置

在绘图时，还可以调用临时捕捉功能。输入绘图命令后，提示输入点时，可以指定替代所有其他对象捕捉设置的单一对象捕捉。按住 Shift 键，在绘图区域中单击鼠标右键，然后从"对象捕捉"菜单中选择对象捕捉，如图 1-41 所示。

图 1-41　对象捕捉

10. 对象捕捉追踪

在命令执行期间，可以从对象捕捉位置水平和垂直对齐点。如图1-42所示，首先将光标悬停在端点1上，然后悬停在端点2上，光标移近位置3时，光标将锁定到水平和垂直位置。

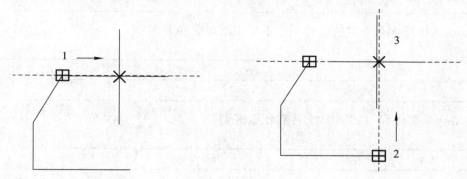

图 1-42　对象捕捉追踪

【检查题】

1.《技术制图》有哪些制图的基本标准？

_____
_____
_____

2. 尺寸是图样的重要内容，国家标准中规定的尺寸标注的基本原则有哪些？

_____
_____
_____

3. 尺寸标注的四要素主要包括哪些内容？

_____
_____
_____

4. 什么叫作圆弧连接？作图时应该如何保证光滑连接？

_____
_____
_____

5. 平面图形中尺寸按作用可分为哪两类？

_____
_____
_____

6. 平面图形中的线段按定位尺寸是否完整可以分为几大类？分别是哪些？

_____

_____

7. AutoCAD 是什么类型的软件？它主要应用在哪些方面？

_____

_____

8. （.dwg）文件和 （.dwt）文件有什么区别？

_____

_____

_____

引导练习 ▽

任务一

抄画平面图形

（1）在 A4 图纸上抄画图 1-43 并进行适当的尺寸标注，画图比例为 2：1（忽略公差要求）。

（2）在 AutoCAD 中选择无样板创建新文件，设置图形界限（297×210）和绘图精度要求。

（3）在 AutoCAD 中修改图形标注样式，创建正常标注样式、角度标注样式和 ISO 标准样式（符合机械制图国家标准）。

（4）在 AutoCAD 中绘制图 1-43 所示的平面图形并进行尺寸标注。

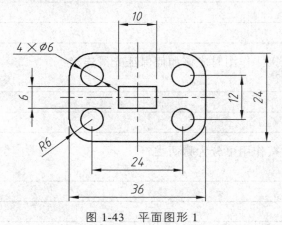

图 1-43 平面图形 1

任务二
平面图形手柄的绘制

（1）分析图 1-44 所示的平面图形的定位尺寸与定形尺寸，并填写表 1-4。

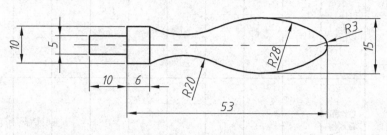

图 1-44　平面图形 2

表 1-4　定位尺寸和定形尺寸

定位尺寸	
定形尺寸	

（2）分析手柄的平面图形并填写表 1-5。

表 1-5　线段类型

线段类型	线段定义	图形中的对应类型尺寸
已知线段	定位尺寸与定形尺寸完整	
中间线段	定形尺寸完整，缺定位尺寸	
连接线段	只有定形尺寸，没有定位尺寸的	

（3）抄画图 1-44 并进行适当的尺寸标注，绘图比例为 1：1，注意幅面整洁，符合国家标准。

（4）在 AutoCAD 中调用无样板文件进行命名并保存。

（5）在 AutoCAD 中绘制图 1-44 所示的平面图形并进行尺寸标注，注意幅面整洁，符合国家标准。

工作计划 ▷

表 1-6 工作计划

任务：吊钩的平面图绘制

序号	工作内容	准备清单		工作安全	工作时间	
		零件/测量工具/绘图工具			计划	实际

考核评分

表 1-7 考核评分

情景一：吊钩的平面图绘制

序号	评分点	工作要求	权重	个人工作□ 小组工作□ 组织形式 个人评价	小组评价	教师评价	小组协同工作□ 最终评价分数
		结果评价					
		工作评价					
1	图幅	尺寸正确、标注准确	0.1				
2	图框	边距正确、线型合理、边线平直	0.1				
3	标题栏	尺寸符合要求、线型合理、填写规范	0.1				
4	图形	中心线型、圆弧连接合理、表达准确	0.1				
5	尺寸标注	标注规范、箭头符号规范	0.1				
6	幅面	整洁、表达清晰	0.1				
7	样本文件	图框、标题栏尺寸正确、尺寸样式设置合理	0.2				
8	AutoCAD 图	模版选用合理、线型选用合理、图形表达准确	0.2				
综合评价得分		（转化为百分制）		小组			
班级							

备注：个人评价分数按个人评价分数 0、2、4、6、8、10，按与工作实际要求的符合性评分。
小组评价分数按个人评价分数 0、2、4、6、8、10，按组内与工作实际要求的符合性的相近程度排序得分。
教师评价分数按与小组评价分数小组评价分数符合程度 0、5、10 评分，两个成绩相一致为 10 分，相差一级为 5 分，相差两级及以上为 0 分。最终评价分数参考以上三者情况，根据权重评分。

029

零件图的绘制

项目二

本项目主要通过零件测绘的形式，让学生掌握常用测量工具的使用、简单实体三视图的绘制与尺寸注法。由于实际工程运用中已经很少直接要求工程人员进行机械零件二维工程图的绘制，所以本项目将利用 AutoCAD 软件从实体建模到工程图形成的教学，让学生对零件图的绘制有一个更为全面的认识。

知识目标

（1）了解投影法的类型；
（2）掌握平行正投影的投影特点；
（3）熟悉点、线、面的投影类型；
（4）掌握三视图的形成过程和三大对应关系（位置、尺寸和方位）；
（5）了解基本体的类型和投影特点；
（6）掌握组合体的绘制方法和识读技巧。

能力目标

（1）能利用投影积聚性、辅助素线法和辅助纬圆法求解表面点的位置；
（2）能绘制简单机械零件的三视图，并进行合理的尺寸标注；
（3）能根据实物形状特征选择合适的测量工具，并进行完整的尺寸标注；
（4）能利用 AutoCAD 软件创建机械图样板文件；
（5）能利用 AutoCAD 软件绘制简单零件的三视图；
（6）能利用 AutoCAD 软件绘制简单零件的三维模型，并生成工程图样。

任务布置

绘制机器人气动夹具的零件图

（1）分析夹爪组件的结构与组成，并手工绘制组件活塞和销钉的三视图草图；
（2）完成气动夹具尺寸测量并标注，注意符合国家标准；
（3）绘制各零件的标准 AutoCAD 机械图样并进行尺寸标注；
（4）利用 AutoCAD 软件创建机器人各个零件的实体模型，并生成对应的工程图样；
（5）实施自我评价。

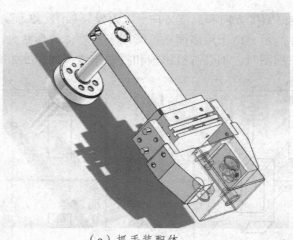

（a）抓手装配体

（b）机器人连接法兰

（c）气缸连接板

（d）手指

图 2-1　气动夹具的零件

知识链接

第一部分　三视图的形成及投影规律

一、三视图的形成（GB/T 17451—1998）

点、线、面、体等几何元素在三投影面（V、H、W）体系中的投影，称为三面投影。将物体向投影面投射所得的图形，称为视图。物体在三投影面（V、H、W）体系中的投影，称为三视图，即 V 面投影（主视图）、H 面投影（俯视图）、W 面投影（左视图）。

为了便于画图和看图，通常要将物体正放（即与投影面平行或垂直），尽量使物体的表面、对称平面或回转体轴相对于投影面处于特殊位置（正放），并将 OX、OY 和 OZ 轴的方向分别设为物体的长度方向、宽度方向和高度方向。三面投影如图 2-2 展开后，三视图也随之展开，其配置位置如图 2-2 所示。由于用多面正投影图表示物体的形状大小与其离投影面的远近无关，所以画物体的三视图时，不必画投影轴和投影连线，如图 2-2 所示。

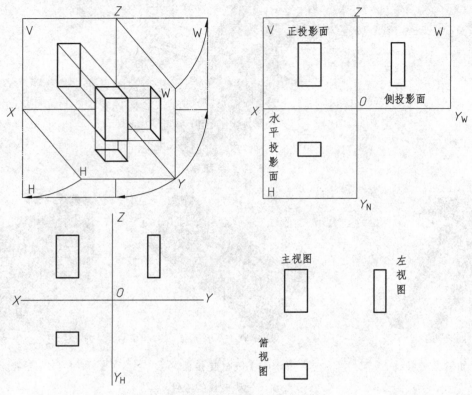

图 2-2　三视图的形成及投影规律

二、三视图的配置

如图 2-2 所示，由投影面的展开规则可知，主视图不动，俯视图在主视图正下方，左视图在主视图正右方，按此规定配置时，不必标注视图名称。

三、三视图的投影规律

三视图的投影规律与三面投影的规律相同。

（一）三视图反映物体大小的投影规律

物体有长、宽、高 3 个方向的大小，从图 2-2 中可以看到，每个视图只能反映物体两个方向的尺寸。主视图反映物体的长度和高度，俯视图反映物体的长度和宽度，左视图反映物体的高度和宽度。三视图所反映物体的长、宽、高 3 个大小与其投影的关系可以概括为：主、俯视图长对正，主、左视图高平齐，俯、左视图宽相等。或者说，长对正、高平齐、宽相等。应当指出，在画和看物体的三视图时，无论是物体的整体或局部，都应遵守这个规律。

（二）三视图反映物体方位的投影规律

物体有上、下、左、右、前、后 6 个方位，左右为长、前后为宽、上下为高，或者说，长分左右、宽分前后、高分上下。从图 2-2 中可以看出，每个视图只能反映物体的空间 4 个方位。主视图反映物体的上、下和左、右方位；俯视图反映物体的左、右和前、后方位；左视图反映物体的上、下和前、后方位。且俯、左视图的外侧和内侧（对主视图而言的外、内）分别为物体的前、后方位。

（三）三视图反映物体形状的投影规律

一般情况下，物体有 6 面（上、下，左、右，前、后）外形和 3 个方向（主视 —— 含长和高，俯视 —— 含宽和长，左视 —— 含高和宽）上的内形，每个视图只能反映物体的两面外形（迎、背）和一个方向上的内形。主视图反映物体的前、后外形和主视方向的内形；俯视图反映物体的上、下外形和俯视图方向上的内形；左视图反映物体的左、右外形和左视方向上的内形。

由三视图的投影规律可知：物体的 3 个大小和 6 个方位有两个视图就能确定，而物体的形状，一般需要 3 个视图才能确定。

物体的内形和背面的外形都是不可见的，在三视图上，它们的轮廓线应以虚线表示。

四、三视图对应关系记忆口诀

为了使大家快速掌握机械制图的理论方法，本书收集了一些快速掌握机械制图方法的口诀。

三视图的位置关系口诀
正面画出主视图，俯视图就画在它下边。
右边画着左视图，三个视图位置不能变。

三视图的投影关系口诀
主视俯视长对正，主视左视高平齐；
俯视左视宽相等，三个视图相联系。
平面平行投影面，整个投影原形现；
平面垂直投影面，投影结果变成线；
平面倾斜投影面，形状大小有改变。

第二部分 零件测绘基础知识

一、测绘的概念和步骤

（一）测绘的概念

测绘是对已有零件进行分析，以目测估计图形与实物的比例，徒手画出草图，测量并标注尺寸和技术要求，然后经整理画成零件图的过程。

测绘零件大多在车间现场进行，由于场地和时间限制，一般都不用或只用少数简单绘图工具，徒手目测绘出图形，其线型不可能像用直尺和仪器绘制的那样均匀笔直，但不能马虎潦草，而应努力做到线型明显清晰、内容完整、投影关系正确、比例匀称、字迹工整。

（二）测绘的步骤与方法

1. 分析零件

为了把被测零件准确完整地表达出来，应先对被测零件进行认真分析，了解零件的类型、在机器中的作用、所使用的材料及大致的加工方法。

2. 确定零件的视图表达方案

一个零件，其表达方案并非是唯一的，可多考虑几种方案，选择最佳方案。

3. 目测徒手画零件草图

（1）确定绘图比例并定位布局：根据零件大小、视图数量、现有图纸大小，确定适当的比例。粗略确定各视图应占的图纸面积，在图纸上做出主要视图的基准线、中心线。注意留出标注尺寸和画其他补充视图的地方。

（2）详细画出零件内外结构和形状，检查、加深有关图线。注意各部分结构之间的比例应协调。

（3）将应该标注尺寸的尺寸界线、尺寸线全部画出，然后集中测量、注写各个尺寸。注意不要遗漏、重复或注错尺寸。

（4）注写技术要求：确定表面粗糙度，确定零件的材料、尺寸公差、形位公差及热处理等要求。

（5）最后检查、修改全图并填写标题栏，完成草图。

4. 绘制零件工作图

由于绘制零件草图时，往往受某些条件的限制，有些问题可能处理得不够完善。一般应将零件草图整理、修改后画成正式的零件工作图，经批准后才能投入生产。在画零件工作图时，要对草图进行进一步检查和校对，对于零件上的标准结构，查表并正确注出尺寸。最后用仪器或计算机画出零件工作图，则整个零件测绘工作完成。

二、零件测绘注意事项

（1）测量尺寸时，应正确选择测量基准，以减少测量误差。零件上磨损部位的尺寸，应参考其配合的零件的相关尺寸，或参考有关的技术资料予以确定。

（2）零件间相配合结构的基本尺寸必须一致，并应精确测量，查阅有关手册，给出恰当的尺寸偏差。

（3）零件上的非配合尺寸，如果测得为小数，应圆整为整数标出。

（4）零件上的截交线和相贯线，不能机械地照实物绘制。因为它们常常由于制造上的缺陷而被歪曲。画图时要分析掌握它们是怎样形成的，然后用学过的相应方法画出。

（5）要重视零件上的一些细小结构，如倒角、圆角、凹坑、凸台、退刀槽、中心孔等。对于标准结构，在测得尺寸后，应参照相应的标准查出其标准值，并注写在图纸上。

（6）对于零件上的缺陷，如铸造缩孔、砂眼、加工的疵点、磨损等，不要在图上画出。

（7）技术要求的确定。测绘零件时，可根据实物并结合有关资料分析，确定零件的有关技术要求，如尺寸公差、表面粗糙度、形位公差、热处理和表面处理等。

三、零件测绘的常用测量工具

在这部分学习任务中，主要任务是进行测绘，因此先来了解一些常用测量工具的基础知识，以方便进行正确测量。

1. 钢直尺、卡钳

（1）钢直尺：最简单的长度量具（见图 2-3），它的长度有 150 mm、300 mm、500 mm、1 000 mm 和 2 000 mm 多种规格。

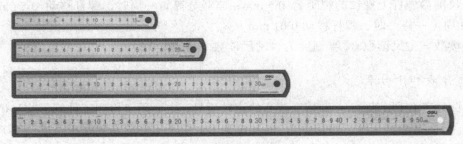

图 2-3　钢直尺

（2）卡钳：不能直接读出测量结果，而是把测得的长度尺寸在钢直尺上进行读数的一种测量工具（见图2-4）。

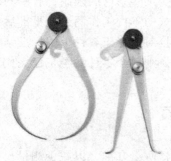

图 2-4　内外卡钳

2. 游标卡尺、螺旋测微仪（千分尺）

（1）游标卡尺：一种常用的精确测量工具，具有结构简单、使用方便、测量范围大等特点（见图2-5）。

游标卡尺的读数：

① 找精度（0.1 mm、0.05 mm、0.02 mm）。

② 完整读数：主尺读数＋副尺读数。

读数公式：$L = X + n \times$ 精度

式中，L 为测量长度；X 为主尺上的整毫米数（主尺读数）；n 为游标上第几刻线对齐。

（2）螺旋测微仪：又叫千分尺，是一种精密的测量量具（见图2-6）。

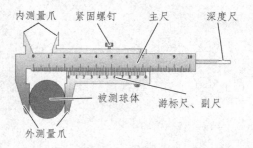

图 2-5　游标卡尺结构

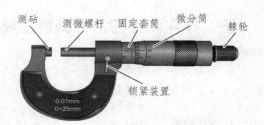

图 2-6　螺旋测微仪结构

螺旋测微仪读数：

千分尺测微螺杆上螺纹的螺距为 0.5 mm；当微分筒转一周时，螺杆移动 0.5 mm；微分筒转 1/50 周（一格）时，螺杆移动 0.01 mm。

完整读数 = 主尺读数+（半刻度）+ 副尺读数（格数×0.01mm）+（估读值）。

3. 百分表和千分表

（1）百分表（千分表）：一种精度较高的比较量具，主要用于检测工件的形状和位置误差（如圆度、平面度、垂直度、跳动等），也可在机床上用于工件的安装找正（见图2-7）。

（2）精确度：百分表的精度为 0.01 mm、千分表的精度为 0.001 mm。

（3）读数方式：

① 大刻度盘最小刻度间隔；1 格 = 0.01 mm。

② 小刻度盘最小刻度间隔：1 格 = 1.0 mm。

③ 长指针旋转一周，短指针旋转一格，即 1 mm（见图 2-8）。

4. 角度尺

角度尺：利用游标读数原理来直接测量工件角度或进行划线的一种角度量具（见图 2-9）。

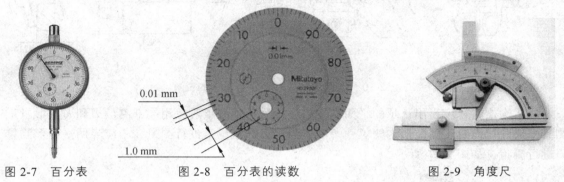

图 2-7　百分表　　　　　图 2-8　百分表的读数　　　　　图 2-9　角度尺

四、零件测绘的常见测量方法

在测绘图上，必须完备地记入尺寸、所用材料、加工面的粗糙度、精度以及其他必要的资料。一般测绘图上的尺寸，都是用量具在零、部件的各个表面上测量出来的。因此，必须熟悉几种常见量具的测量方法。量具或检验的工具，称为计量器具，其中比较简单的称为量具；具有传动放大或细分机构的称为量仪。

这里仅简单介绍一下游标卡尺、卡钳的使用方法。

1. 游标卡尺

量具使用得是否合理，不但影响量具本身的精度，而且直接影响零件尺寸的测量精度。所以，我们必须重视量具的正确使用方法，对测量技术精益求精，以便获得正确的测量结果，确保产品质量。

使用游标卡尺测量零件尺寸时，必须注意以下几点：

（1）测量前应把卡尺擦拭干净，检查卡尺的两个测量面和测量刃口是否平直无损。把两个量爪紧密贴合时，应无明显的间隙，同时游标和主尺的零位刻线要相互对准。这个过程称为校对游标卡尺的零位。

（2）移动尺框时，活动要自如，不应有过松或过紧现象，更不能有晃动现象。用固定螺钉固定尺框时，卡尺的读数不应有所改变。在移动尺框时，不要忘记松开固定螺钉，也不宜过松，以免固定螺钉掉落。

（3）当测量零件外尺寸时，卡尺两测量面的连线应垂直于被测量表面，不能歪斜。测量时，可以轻轻摇动卡尺，放正垂直位置，如图 2-10（a）所示。否则，量爪若在如图 2-10（b）

所示的错误位置上，将使测量结果 a 比实际尺寸 b 要大。先把卡尺的活动量爪张开，使量爪能自由地卡进工件，把零件贴靠在固定量爪上，然后移动尺框，用轻微的压力使活动量爪接触零件。如卡尺带有微动装置，此时可拧紧微动装置上的固定螺钉，再转动调节螺母，使量爪接触零件并读取尺寸。决不可把卡尺的两个量爪调节到接近甚至小于所测尺寸，把卡尺强制地卡到零件上去。这样会使量爪变形，或使测量面过早磨损，使卡尺失去应有的精度。

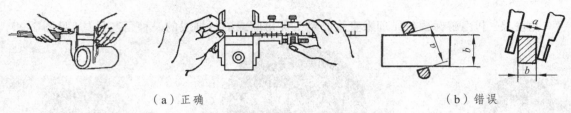

（a）正确　　　　　　　　　　　　　　　　　　　　（b）错误

图 2-10　测量外尺寸时正确与错误的位置

　　测量沟槽时，应当用量爪的平面测量刃进行测量，尽量避免用端部测量刃和刀口形量爪测量外尺寸。而对于圆弧形沟槽尺寸，则应当用刀口形量爪进行测量，不应当用平面形测量刃进行测量，如图 2-11 所示。

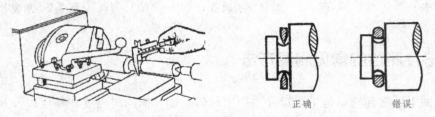

正确　　　　　　错误

图 2-11　测量沟槽时正确与错误的方法

　　测量沟槽宽度时，也要放正游标卡尺的位置，应使卡尺两测量刃的连线垂直于沟槽，不能歪斜。否则，量爪若在如图 2-12（b）所示的错误的位置上，也将使测量结果不准确。

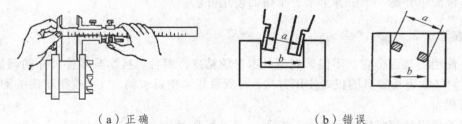

（a）正确　　　　　　　　　　　　（b）错误

图 2-12　测量沟槽宽度时正确与错误的位置

　　（4）当测量零件的内尺寸时（见图 2-13），要使量爪分开的距离小于所测内尺寸，进入零件内孔后，再慢慢张开并轻轻接触零件内表面，用固定螺钉固定尺框后，轻轻取出卡尺来读数。取出量爪时，用力要均匀，并使卡尺沿着孔的中心线方向滑出，不可歪斜，以免使量爪扭伤、变形或受到不必要的磨损，否则还会使尺框移动，影响测量精度。

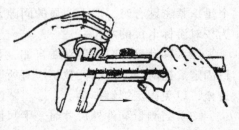

图 2-13　内孔的测量方法

卡尺两测量刃应在孔的直径上，不能偏歪。图 2-13 为带有刀口形量爪和带有圆柱面形量爪的游标卡尺，在测量内孔时正确与错误的位置。当量爪在错误位置时，其测量结果将比实际孔径 D 要小。

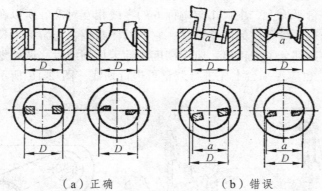

（a）正确　　　　　　　　（b）错误

图 2-14　测量内孔时正确与错误的位置

（5）用下量爪的外测量面测量内尺寸时，在读取测量结果时，一定要把量爪的厚度加上。即游标卡尺上的读数，加上量爪的厚度，才是被测零件的内尺寸。测量范围在 500 mm 以下的游标卡尺，量爪厚度一般为 10 mm。但当量爪磨损和修理后，量爪厚度就要小于 10 mm，读数时这个修正值也要考虑进去。

（6）用游标卡尺测量零件时，不允许过分地施加压力，所用压力应使两个量爪刚好接触零件表面。如果测量压力过大，不但会使量爪弯曲或磨损，且量爪在压力作用下产生弹性变形，使测量的尺寸不准确（外尺寸小于实际尺寸，内尺寸大于实际尺寸）。

在游标卡尺上读数时，应把卡尺水平拿着，朝着亮光的方向，使人的视线尽可能和卡尺的刻线表面垂直，以免由于视线的歪斜造成读数误差。

（7）为了获得正确的测量结果，可以多测量几次。即在零件的同一截面上的不同方向进行测量。对于较长零件，则应当在全长的各个部位进行测量，以获得一个比较准确的测量结果。

为了使读者便于记忆，更好地掌握游标卡尺的使用方法，将上述提到的几个主要问题整理成口诀，供读者参考。

量爪贴合无间隙，主尺游标两对零。

尺框活动能自如，不松不紧不摇晃。

测力松紧细调整，不当卡规用力卡。

量轴防歪斜，量孔防偏歪，

测量内尺寸，爪厚勿忘加。

面对光亮处，读数垂直看。

2. 高度游标卡尺

高度游标卡尺如图 2-15 所示，用于测量零件的高

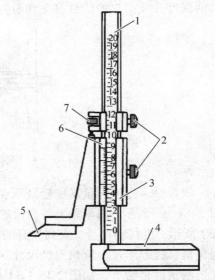

1—主尺；2—紧固螺钉；3—尺框；4—基座；
5—量爪；6—游标；7—微动装置。

图 2-15　高度游标卡尺

度和精密划线。它的结构特点是用质量较大的基座 4 代替固定量爪 5，而活动的尺框 3 则通过横臂装有测量高度和划线用的量爪，量爪的测量面上镶有硬质合金，以提高量爪的使用寿命。高度游标卡尺的测量工作，应在平台上进行。当量爪的测量面与基座的底平面位于同一平面时，如在同一平台平面上，主尺 1 与游标 6 的零线相互对准。所以在测量高度时，量爪测量面的高度，就是被测量零件的高度尺寸，它的具体数值，与游标卡尺一样可在主尺（整数部分）和游标（小数部分）上读出。应用高度游标卡尺划线时，调好划线高度，用紧固螺钉 2 把尺框锁紧后，也应在平台上先进行调整再进行划线。图 2-16 所示为高度游标卡尺的应用。

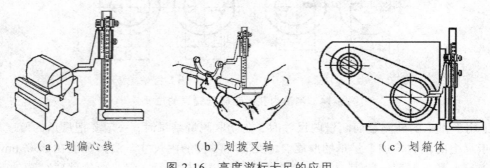

（a）划偏心线　　　　　　（b）划拨叉轴　　　　　　（c）划箱体

图 2-16　高度游标卡尺的应用

3. 深度游标卡尺

深度游标卡尺如图 2-17 所示，用于测量零件的深度尺寸、台阶高低和槽的深度。它的结构特点是尺框 3 的两个量爪连成一起，成为一个带游标的测量基座 1，基座的端面和尺身 4 的端面就是它的两个测量面。如测量内孔深度时，应把基座的端面紧靠在被测孔的端面上，使尺身与被测孔的中心线平行，伸入尺身，则尺身端面至基座端面之间的距离，就是被测零件的深度尺寸。它的读数方法和游标卡尺相同。

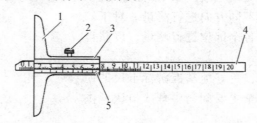

1—测量基座；2—紧固螺钉；3—尺框；4—尺身；5—游标。

图 2-17　深度游标卡尺

测量时，先把测量基座轻轻压在工件的基准面上，两个端面必须接触工件的基准面，如图 2-18（a）所示。测量轴类等台阶时，测量基座的端面一定要压紧在基准面，如图 2-18（b）、（c）所示，再移动尺身，直到尺身的端面接触到工件的测量面（台阶面），然后用紧固螺钉固定尺框，提起卡尺，读出深度尺寸。多台阶小直径的内孔深度测量，要注意尺身的端面是否在要测量的台阶上，如图 2-18（d）所示。当基准面是曲线时，如图 2-18（e）所示，测量基座的端面必须放在曲线的最高点上，测量出的深度尺寸才是工件的实际尺寸，否则会出现测量误差。

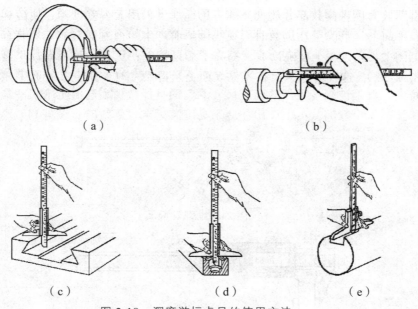

（a）   （b）

（c）   （d）   （e）

图 2-18   深度游标卡尺的使用方法

4. 齿厚游标卡尺

齿厚游标卡尺（见图 2-19）是用来测量齿轮（或蜗杆）的弦齿厚和弦齿顶。这种游标卡尺由两互相垂直的主尺组成，因此它就有两个游标。A 的尺寸由垂直主尺上的游标调整；B 的尺寸由水平主尺上的游标调整。刻线原理和读法与一般游标卡尺相同。

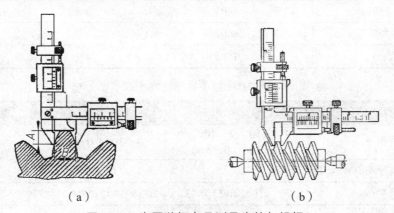

（a）   （b）

图 2-19   齿厚游标卡尺测量齿轮与蜗杆

测量蜗杆时，把齿厚游标卡尺读数调整到等于齿顶高（蜗杆齿顶高等于模数 m_s），法向卡入齿廓，测得的读数是蜗杆中径（d_2）的法向齿厚。但图纸上一般注明的是轴向齿厚，必须进行换算。法向齿厚 S_n 的换算公式如下：

$$S_n = \frac{\pi m_s}{2} \cos \tau$$

以上所介绍的各种游标卡尺都存在一个共同的问题，就是读数不很清晰，容易读错，有时不得不借助放大镜将读数部分放大。现有游标卡尺采用无视差结构，使游标刻线与主尺刻线处在同一平面上，消除了在读数时因视线倾斜而产生的视差；有的卡尺装有测微表成为带表卡尺（见图 2-20），便于准确读数，提高了测量精度；更有一种带有数字显示装置的游标卡尺（见图 2-21），这种游标卡尺在零件表面上量得尺寸时，就直接用数字显示出来，其使用极为方便。

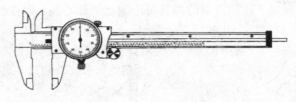

图 2-20　带表卡尺

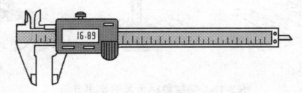

图 2-21　数字显示游标卡尺

带表卡尺的规格见表 2-1。数字显示游标卡尺的规格见表 2-2。

表 2-1　带表卡尺规格　　　　　　　　　　　　　　　　　　　　单位：mm

测量范围	指示表读数值	指示表示值误差范围
0～150	0.01	1
0～200	0.02	1，2
0～300	0.05	5

表 2-2　数字显示游标卡尺

名称	数显游标卡尺	数显高度尺	数显深度尺
测量范围/mm	0～150，0～200，0～300，0～500	0～300，0～500	0～200
分辨率/mm	0.01		
测量精度/mm	（0～200）0.03，（>200～300）0.04，（>300～500）0.05		
测量移动速度/（m/s）	1.5		
使用温度/℃	0～+40		

5. 卡　钳

不适于用游标卡尺测量的，用钢直尺、卷尺也无法测量的尺寸，可用卡钳进行测量。

卡钳结构简单，使用方便。按用途不同，卡钳分为内卡钳和外卡钳两种。内卡钳用于测量内部尺寸，外卡钳用于测量外部尺寸。按结构不同，卡钳又分为紧轴式卡钳和弹簧式卡钳两种。

卡钳常与钢直尺、游标卡尺或千分尺联合使用。测量时操作卡钳的方法对测量结果影响很大。正确的操作方法是：用内卡钳时，用拇指和食指轻轻捏住卡钳的销轴两侧，将卡钳送入孔或槽内。用外卡钳时，右手的中指挑起卡钳，用拇指和食指撑住卡钳的销轴两边，使卡钳的两量爪在自身的重量下滑过被测表面。卡钳与被测表面的接触情况，凭手的感觉，手有轻微感觉即可，不宜过松，也不要用力压卡钳。

使用大卡钳时，要用两只手操作，右手握住卡钳的销轴，左手扶住一只量爪进行测量。

测量轴类零件的外径时，须使卡钳的两只量爪垂直于轴心线，即在被测件的径向平面内测量。测量孔径时，应使一只量爪与孔壁的一边接触，另一量爪在径向平面内左右摆动找最大值。

校好尺寸后的卡钳应轻拿轻放，防止尺寸变化。把量得的卡钳放在钢直尺、游标卡尺或千分尺上量取尺寸。测量精度要求高的用千分尺，一般用游标卡尺，测量毛坯之类的用钢直尺即可。

测量阶梯孔的直径如图 2-22 所示。

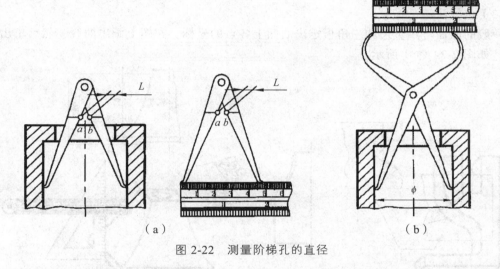

（a）　　　　　　　　　　　　（b）

图 2-22　测量阶梯孔的直径

测量壁厚一般可用直尺测量，如图 2-23（a）所示。若孔径较小时，可用带测量深度的游标卡尺测量，如图 2-23（b）所示。有时也会遇到用直尺或游标卡尺都无法测量的壁厚，这时则需用卡钳来测量，如图 2-23（c）、（d）所示。

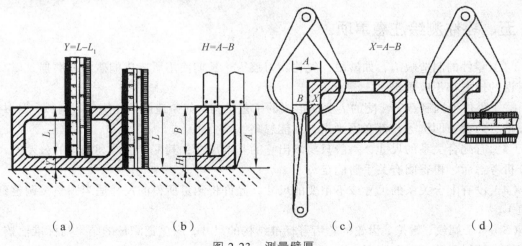

（a）　　　　　　（b）　　　　　　（c）　　　　　　（d）

图 2-23　测量壁厚

6. 测量曲线或曲面的一般方法

曲线和曲面要求测量很准确时，必须用专门的量仪进行测量；要求测量不太准确时，常采用下面 3 种方法测量：

（1）拓印法。

对于柱面部分的曲率半径的测量，可用纸拓印其轮廓，得到如实的平面曲线，然后判定该曲线的圆弧连接情况，测量其半径，如图 2-24（a）所示。

（2）铅丝法。

对于曲线回转面零件的母线曲率半径的测量，可用铅丝弯成实形后，得到如实的平面曲线，然后判定曲线的圆弧连接情况，最后用中垂线法求得各段圆弧的中心，测量其半径，如图 2-24（b）所示。

（3）坐标法。

一般的曲面可用直尺和三角板定出曲面上各点的坐标，在图上画出曲线，然后求出曲率半径，如图 2-24（c）所示。

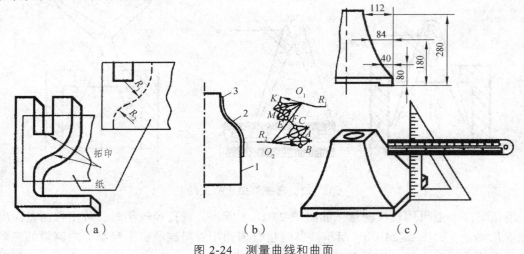

图 2-24　测量曲线和曲面

五、零件测绘注意事项

（1）零件的制造缺陷，如砂眼、气孔、刀痕等，长期使用所造成的碰伤或磨损，以及加工错误的地方都不应画出。

（2）零件上因制造、装配的需要而形成的工艺结构，如铸造圆角、倒角、倒圆、退刀槽、越程槽、凸台、凹坑等，都必须画出，不能忽略。

（3）有配合关系的尺寸，一般只要测出它的基本尺寸，其配合性质和相应的公差值，应在分析考虑后，再查阅有关手册确定。

（4）没有配合关系的尺寸或不重要的尺寸，允许将测量所得的尺寸适当圆整（调整到整数值）。

（5）对于螺纹、键槽、齿轮的轮齿等标准结构的尺寸，应该把测量的结果与标准值核对，采用标准结构尺寸，以利于制造。

（6）凡是经过切削加工的铸、锻件，应注出非标准拔模斜度及与表面相交处的角度。

（7）零、部位的直径、长度、锥度、倒角等尺寸，都有标准规定，实测后，应根据国家标准选用最接近的标准数值。

（8）测绘装配体的零件时，在未拆装配体以前，先要了解它的名称、用途、材料、构造等基本情况。

（9）考虑装配体各个零件的拆卸方法、拆卸顺序以及所用的工具。

（10）拆卸时，为防止丢失零件和便于安装，所拆卸零件应分别编上号码，尽可能把有关零件装在一起，放在固定位置。

（11）测绘较复杂的装配零件之前，应根据装配体画出一个装配示意图。

（12）对于两个零件相互接触的表面，在它上面所标注的表面粗糙度要求应该一致。

（13）测量加工面的尺寸，一定要使用较精密的量具。

（14）所有标准件，只需量出必要的尺寸并注出规格，可不用画测绘图。

第三部分　AutoCAD 的绘图命令介绍

绘制二维图形是 AutoCAD 的主要功能，也是最基本的功能。二维平面图形的创建比较简单，是整个 AutoCAD 的绘图基础。因此，只有熟练掌握二维平面图形的基本绘制方法，才能够更好地绘制出复杂的图纸。

一、线的绘制

（一）绘制直线

1. 功　能

直线命令（Line）是绘图中使用频率最高的命令之一，主要用于绘制线段。Line 命令可以创建一系列连续的线段，用户可以通过鼠标或输入点坐标值来决定线段的起点和端点。

2. 执行方式

菜单栏：【绘图】→【直线】。

命令行：Line（L）。

工具栏：▨。

3. 操作步骤

使用直线命令可以绘制三角形，如图 2-25 所示。

操作方法：　　　　　　　　　　　　　命令含义：

命令：L　　　　　　　　　　　　　　　执行 Line 命令

LINE 指定第一点：　　　　　　　　　　任意指定，确定第 1 点

指定下一点或 [放弃（U）]:　　　　　　　　　任意指定，确定第 2 点
指定下一点或 [闭合（C）/放弃（U）]:　　　　输入 C 闭合二维线段

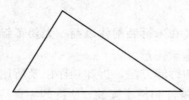

图 2-25　绘制三角形

4. 选项含义和功能说明

● 闭合（C）：将第一条直线段的起点和最后一条直线段的终点连接起来，形成一个封闭区域。
● 撤销（U）：撤销当前的操作。
● 结束绘制：按【空格键】结束绘图操作。

5. 注意事项

（1）由直线绘制的图形，每条线段都是独立存在的，可对每条直线进行单独编辑。
（2）在没有任何命令提示的状态下，执行【空格键】会重复执行上一次命令。

（二）绘制射线

1. 功　能

射线是向一个方向无限延伸的线。该线通常在绘图过程中作为辅助线使用。

2. 执行方式

菜单栏：【绘图】→【射线】。
命令行：Ray。
工具栏：

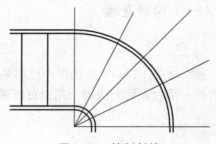

图 2-26　绘制射线

3. 操作步骤

使用射线命令绘制射线，如图 2-26 所示。

操作方法：　　　　　　　　命令含义：
命令: Ray　　　　　　　　　执行 Ray 命令
指定起点:　　　　　　　　　任意指定起点
指定通过点:<正交　开>　　　打开正交按键 F8
指定通过点:　　　　　　　　指定下一点
指定通过点:<极轴　开>　　　打开极轴按键 F10 设置捕捉角度
指定通过点:　　　　　　　　【空格键】结束操作

（三）绘制构造线

1. 功　能

构造线命令用于绘制无限长直线，与射线类似，可以使用无限延伸的线来创建构造线和参考线，并且配合修剪命令来编辑图形。

2. 执行方式

菜单栏：【绘图】→【构造线】。
命令行：Xline（XL）。
工具栏：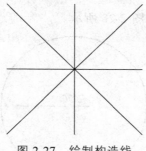。

3. 操作步骤

通过正交和极轴辅助方式来绘制构造线，如图 2-27 所示。

图 2-27　绘制构造线

操作方法：	命令含义：
命令: xl	执行构造线命令
XLINE 指定点或	
[水平(H)/垂直(V)/角度(A)/二等分(B)/偏移(O)]:	指定第一点
指定通过点: <正交 开>	打开正交按键F8
指定通过点:	指定下一点
指定通过点: <极轴 开>	打开极轴按键F10设置捕捉角度
指定通过点:	指定下一点
指定通过点:	【空格键】结束操作

4. 选项含义和功能说明

- 等分（B）：平分对象，并绘制等分构造线。
- 水平（H）：平行于 X 轴并绘制水平构造线。
- 竖直（V）：平行于 Y 轴并绘制垂直构造线。
- 角度（A）：指定角度并绘制带有角度的构造线。
- 偏移（P）：以指定距离将选取的对象偏移并复制，与原对象保持平行。

二、圆形的绘制

（一）绘制圆

1. 功　能

圆是制图中较为常用的对象之一。用户可根据不同的已知条件，创建所需的圆对象。

2. 执行命令

菜单栏：【绘图】→【圆】。
命令行：Circle（C）。
工具栏：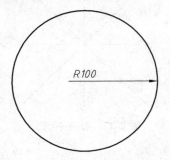。

实际上这里 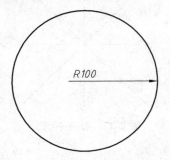 仅为工具栏图标位置。

3. 操作步骤

（1）通过确定半径绘制圆，如图 2-28 所示。

R100

图 2-28　绘制圆

操作方法：　　　　　　　　　　　　　　　命令含义：
命令：C　　　　　　　　　　　　　　　　　执行画圆命令
CIRCLE 指定圆的圆心或
[三点(3p)/两点(2p)/切点、切点、半径(t)]:　　指定圆心
指定圆的半径或 [直径(D)]: 100　　　　　　输入半径值 100

（2）AutoCAD 为绘制圆提供了多种方式，如图 2-29 所示。

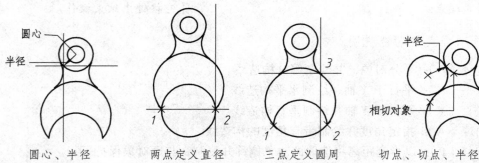

圆心、半径　　　　两点定义直径　　　三点定义圆周　　　切点、切点、半径

图 2-29　绘制圆的 4 种方法

（3）相切圆的 3 种绘制方法。

切点是一个对象与另一个对象接触而不相交的点。要创建与其他对象相切的圆，需选定该对象，然后指定圆的半径。如图 2-30 所示，加粗的圆是正在绘制的圆，点 1 和点 2 用来选择相切的对象。

| 新圆半径 = 1 | 新圆半径 = 2 | 新圆半径 = 4 |

图 2-30　绘制相切圆的 3 种方法

4. 选项含义和功能说明

● 两点（2P）：通过指定圆直径上的两个点绘制圆。
● 三点（3P）：通过指定圆周上的 3 个点来绘制圆。
● T（切点、切点、半径）：通过指定相切的两个对象和半径来绘制圆。

5. 注意事项

（1）放大圆对象后有时圆看起来不圆滑，这其实只是显示问题，只需执行重生成命令（RE），圆对象即可变为光滑。也可以选项栏（OP）中的显示选项卡调整默认圆的光滑精度。
（2）要绘制三点相切的圆，需将对象捕捉设置为"切点"，并使用三点方法绘制该圆。

（二）绘制圆环

1. 功　　能

圆环是由相同圆心、不相等直径的两个圆组成的。圆环的主要参数是圆心、内直径和外直径。

2. 执行命令

菜单栏：【绘图】→【圆环】。
命令行：Donut （DO）。
工具栏：◎。

3. 操作步骤

绘制圆环要分别指定内径和外径的数值，如图 2-31 所示。

操作方法：　　　　　　　　　　　　　命令含义：
命令: do　　　　　　　　　　　　　　执行绘制圆环命令

指定圆环的内径 <50.0000>: 100   指定圆环的内径为 100

定圆环的外径 <1.0000>: 120   定圆环的外径为 120

指定圆环的中心点或 <退出>:   指定圆环的中心点

指定圆环的中心点或 <退出>:   【空格键】结束操作

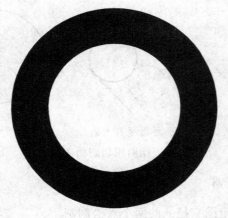

图 2-31　圆环

（三）绘制椭圆

1. 功　能

椭圆对象包括圆心、长轴和短轴。椭圆是一种特殊的圆，它的中心到圆周上的距离是变化的。

2. 执行命令

菜单栏：【绘图】→【椭圆】。

命令行：Ellipse （EL）。

工具栏：█。

3. 操作步骤

（1）椭圆中心点为椭圆圆心，分别指定椭圆的长、短轴。如图 2-32 所示，是以椭圆轴的两个端点和另一轴半长来绘制椭圆。

图 2-32　绘制椭圆

操作方法：	命令含义：
命令：el	执行椭圆命令
指定椭圆的轴端点或[圆弧(A)/中心点(C)]：	指定椭圆轴的第一端点
指定轴的另一个端点：	指定椭圆轴的第二端点
指定另一条半轴长度或 [旋转(R)]：	手动指定半轴长度

（2）椭圆由定义其长度和宽度的两条轴决定。较长的轴称为长轴，较短的轴称为短轴，如图 2-33 所示。

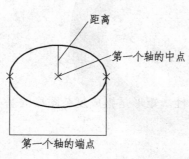

图 2-33　椭圆示意图

4. 选项含义和功能说明

● 中心（C）：通过指定中心点来创建椭圆对象。
● 弧（A）：绘制椭圆弧。
● 旋转（R）：用长短轴线之间的比例，来确定椭圆的短轴。
● 参数（P）：以矢量参数方程式来计算椭圆弧的端点角度。
● 包含（I）：指所创建的椭圆弧从起始角度开始包含的角度值。

（四）椭圆弧

1. 功　能

椭圆上的一部分就是椭圆弧。椭圆弧与椭圆命令操作上类似。

2. 执行命令

菜单栏：【绘图】→【椭圆弧】。

工具栏：。

3. 操作步骤

绘制椭圆弧，如图 2-34 所示。

操作方法：	命令含义：
命令：El	执行椭圆弧命令

图 2-34　椭圆弧

指定椭圆弧的轴端点或 [中心点(C)]:	指定椭圆轴的第一端点
指定轴的另一个端点:	指定椭圆轴的第二端点
指定另一条半轴长度或 [旋转(R)]:	手动指定半轴长度
指定起始角度或 [参数(P)]:	指定起点角度
指定终止角度或 [参数(P)/包含角度(I)]:	指定端点角度

三、多边形的绘制

（一）绘制矩形

1. 功　能

创建矩形并可设置长度、宽度等多个属性。矩形是组成复杂图形的基本元素之一，通过确定矩形对角线上的两个点来绘制。

2. 执行命令

菜单栏:【绘图】→【矩形】。
命令行: Rectangle（REC）。
工具栏: 。

3. 操作步骤

精确绘制矩形，如图 2-35 所示。

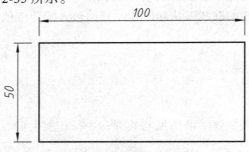

图 2-35　精确绘制矩形

操作方法:	命令含义:
命令:rec	执行 Rectang 命令
指定第一个角点或 [倒角(C)/标高(E)/圆角(F)/厚度(T)/宽度(W)]:	任意指定左下角点
指定另一个角点或 [面积(A)/尺寸(D)/旋转(R)]:d	通过输入尺寸确定矩形长宽值
指定矩形的长度 <10.0000>: 50	确定长度值为 50
指定矩形的宽度 <10.0000>: 100	确定宽度值为 100
指定另一个角点或 [面积(A)/尺寸(D)/旋转(R)]:	通过鼠标来确定矩形的方向

4. 选项含义和功能说明

- 倒角（C）：设置矩形角的倒角距离。
- 标高（E）：确定矩形在三维空间内的基面高度。
- 圆角（F）：设置矩形角的圆角大小。
- 厚度（T）：设置矩形的厚度，即 Z 轴方向的高度。
- 宽度（W）：设置矩形的线宽。
- 面积（A）：如已知矩形面积和其中一边的长度值，就可以使用面积方式创建矩形。
- 尺寸（D）：如已经矩形的长度和宽度即可使用尺寸方式创建矩形。
- 旋转（R）：通过输入旋转角度来选取另一对角点确定显示方向。

5. 注意事项

矩形选项中，除了面积一项以外，都会把上一次的操作设置保存为默认设置。

（二）绘制正多边形

1. 功　　能

创建正多边形。

2. 执行命令

菜单栏：【绘图】→【正多边形】。
命令行：Polygon（POL）。
工具栏：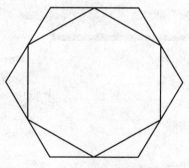。

3. 操作步骤

绘制正六边形，如图 2-36 所示。

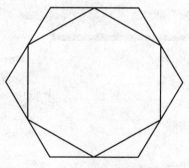

图 2-36　绘制内接和外接六边形

操作方法：	命令含义：
命令:Pol	执行 Polygon 命令
POLYGON 输入边的数目 <4>: 6	指定多边形的边数为 6
指定正多边形的中心点或 [边(E)]:	任意指定多边形的中心点

输入选项 [内接于圆(I)/外切于圆(C)] <I>: I　　　　使用内接圆绘制正多边形
指定圆的半径: 100　　　　　　　　　　　　　确定半径值为 100

4. 选项含义和功能说明

- 边（E）：指定边上的第一点及第二点，可确定正多边形以某一角度进行绘制。
- <多边形中心>：指定多边形的中心点。
- 内接于圆（I）：指定外接圆的半径，正多边形的所有顶点都在此圆周上。
- 外切于圆（C）：指定从正多边形中心点到各边中心的距离。

四、复杂图形的绘制

（一）绘制多线

1. 功　能

多线是一种由多条平行线组成的线段，可以调整平行线之间的间距和数目。多线常用于绘制建筑图中的墙体、电子线路图等平行线对象。

2. 执行命令

菜单栏：【绘图】→【多线】。
命令行：MLINE（ML）。

3. 操作步骤

（1）在菜单中选择【格式】→【多线样式】命令，打开【多线样式】对话框，如图 2-37 所示。可以根据需要创建多线样式，并设置其线条数目和封口方式。

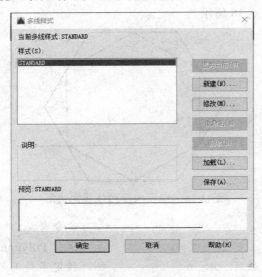

图 2-37 【多线样式】对话框

（2）在【多线样式】对话框中单击【修改】按钮，则打开【修改多线样式】对话框，可以创建新的多线样式和编辑多线样式的属性内容，如图 2-38 所示。

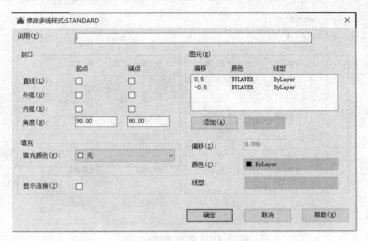

图 2-38　修改多线样式

（3）绘制多线，如图 2-39 所示。

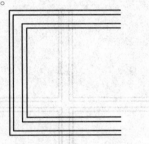

图 2-39　绘制多线

操作方法：   命令含义：

命令:ml   执行多线命令

指定起点或 [对正（J）/比例（S）/样式（ST）]:　指定多线的第一点

指定下一点: 指定多线的第二点

指定下一点或 [放弃（U）]:   【空格键】结束操作

4. 多线命令的选项介绍

● 对正类型 [上（T）/无（Z）/下（B）]：以多线的左上角、中间或右下角开始绘图。

● 比例：确定多线的大小。

● 样式：需要输入样式名称，可以使用包含两个元素的 standard 样式，也可以指定一个以前创建的样式。

5. 编辑多线

（1）通过菜单栏【修改】→【对象】→【多线】，调用多线编辑工具来定义多线绘制后产生的交叉形式。多线编辑工具共提供了 12 种编辑方式，如图 2-40 所示。

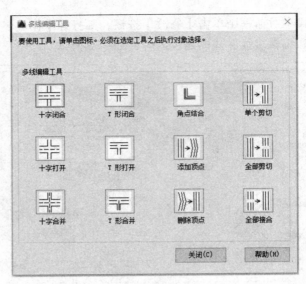

图 2-40　多线编辑工具

（2）使用【十字打开】命令编辑多线，如图 2-41 所示。

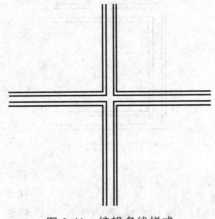

图 2-41　编辑多线样式

（二）绘制多段线

1. 功　能

多段线是作为单个对象创建的相互连接的直线段。可以创建具有宽度的直线段、圆弧段或两者的组合线段。

2. 执行命令

菜单栏：【绘图】→【多段线】。

命令行：Pline （PL）。

工具栏：

3. 操作步骤

通过改变多段线的宽度来制作箭头符号，如图 2-42 所示。

图 2-42　箭头

操作方法：

命令:pl

指定起点：

指定下一个点或

[圆弧(A)/半宽(H)/长度(L)/放弃(U)/宽度(W)]: w

指定起点宽度 <0.0000>: 10

指定端点宽度 <10.0000>:10

指定下一个点或

[圆弧(A)/半宽(H)/长度(L)/放弃(U)/宽度(W)]:100

指定下一个点或

[圆弧(A)/半宽(H)/长度(L)/放弃(U)/宽度(W)]: w

指定起点宽度 <10.0000>: 20

指定端点宽度 <20.0000>: 0

指定下一点或

[圆弧(A)/闭合(C)/半宽(H)/长度(L)/放弃(U)/宽度(W)]
:40

指定下一点或

[圆弧(A)/闭合(C)/半宽(H)/长度(L)/放弃(U)/宽度(W)]:

命令含义：

执行多段线命令

指定多段线第一点

调整多段线宽度

指定起点宽度值为 10

指定起点宽度值为 10

指定多段线的长度值为 100

调整第二段多段线宽度

指定起点宽度值为 20

指定起点宽度值为 0

指定多段线的长度值为 40

指定多段线最后一点

4. 选项含义和功能说明

● 圆弧：可以指定圆弧的角度、圆心、方向或半径。通过指定一个中间点和一个端点也可以完成圆弧的绘制。

● 半宽：调整多段线一半的宽度。

● 长度：控制多段线的长度值。

● 放弃：撤销当前的操作。

● 宽度：调整多段线一半的宽度。

（三）绘制样条曲线

1. 功　能

样条曲线是由一组点定义的一条光滑曲线。可以用样条曲线生成一些地形图、园林中的绿化带、机械设计中的轮廓曲线等。

2. 执行命令

菜单栏:【绘图】→【样条曲线】。

命令行:Spline(SPL)。

工具栏: 。

3. 操作步骤

用样条曲线绘制一个 S 形图形,如图 2-43 所示。

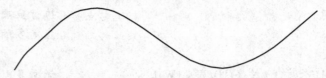

图 2-43　用样条曲线绘制 S 形图形

操作方法:　　　　　　　　　　　　　　　　　　命令含义:

命令:Spline　　　　　　　　　　　　　　　　　　执行样条线命令

指定第一个点或 [对象(O)]:　　　　　　　　　　指定样条线第一个点

指定下一点:　　　　　　　　　　　　　　　　　　指定样条线第二个点

指定下一点或 [闭合(C)/拟合公差(F)] <起点切向>:　　指定样条线第三个点

指定下一点或 [闭合(C)/拟合公差(F)] <起点切向>:　　指定样条线第四个点

指定下一点或 [闭合(C)/拟合公差(F)] <起点切向>:　　输入三次【空格键】结束操作

4. 选项含义和功能说明

- 闭合(C):生成一条闭合的样条曲线。
- 拟合公差(F):键入曲线的偏差值。值越大,曲线就相对越平滑。
- 起始切点:指定起始点切线。
- 终点相切:指定终点切线。

(四)绘制修订云线

1. 功　能

修订云线是由连续圆弧组成的多段线,用于提示用户注意图形中的圈阅部分。

2. 执行命令

菜单栏:【绘图】→【修订云线】。

工具栏: 。

3. 操作步骤

用云线绘制圈阅部分,如图 2-44 所示。

图 2-44　绘制圈阅部分

操作方法:　　　　　　　　　　　　　　　命令含义:

命令:Revcloud　　　　　　　　　　　　　执行修订云线命令

沿云线路径引导十字光标…　　　　　　　　指定起点并移动鼠标

修订云线完成　　　　　　　　　　　　　　末端移动到起点自动闭合

4. 云线命令的选项介绍

● 弧长（A）：指云线上凸凹的圆弧弧长。

● 对象（O）：选择已知对象作为云线路径。

五、点的绘制

（一）点的绘制

1. 功　　能

点通常作为绘图的参考标记。

2. 执行命令

菜单栏:【绘图】→【点】。

命令行: Poing（PO）。

工具栏: ⋉。

3. 操作步骤

（1）创建一个点，如图 2-45 所示。

图 2-45　绘制点

操作方法:　　　　　　　　　　　　　　　命令含义:

命令: Point　　　　　　　　　　　　　　执行 Point 命令

设置(S)/多次(M)/<点定位(L)>:M　　　　输入 M，以多点方式创建点标记

设置(S)/<点定位(L)>:　　　　　　　　　拾取端点 1

设置(S)/<点定位(L)>:　　　　　　　　　拾取端点 2

设置(S)/<点定位(L)>:　　　　　　　　　拾取端点 3

（2）通过菜单【格式】→【点样式】进入点样式编辑器，如图 2-46 所示。

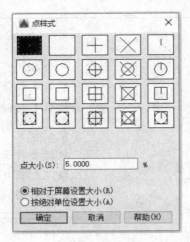

图 2-46　点样式编辑器

（3）编辑后点的最终效果如图 2-47 所示。

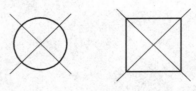

图 2-47　编辑后的点样式

4. 设置点样式的选项介绍

● 相对于屏幕设置大小：以屏幕尺寸的百分比设置点的显示大小。在进行缩放时，点的显示大小不随其他对象的变化而改变。

● 按绝对单位设置大小：以指定的实际单位值来显示点。在进行缩放时，点的大小也将随其他对象的变化而变化。

（二）定数等分

1. 功　能

可以将所选对象等分为指定数目的相等长度，平均间隔一段距离排列点的实体或块。

2. 执行命令

菜单栏：【绘图】→【点】→【定数等分】。

命令行：Divied（DIV）。

工具栏： 。

3. 操作步骤

将一条直线上平均分成 5 段，如图 2-48 所示。

图 2-48　定数等分

操作方法：　　　　　　　　　　　　　命令含义：

命令：Div　　　　　　　　　　　　　执行定数等分命令

选择要定数等分的对象：　　　　　　　拾取目标对象

输入线段数目或 [块(B)]: 5　　　　　输入线段的数值为 5

以下是弧形和折线的等分效果，如图 2-49 所示。

（a）选定对象　　（b）指示五等分的块　　（c）选定对象　　（d）指示分隔的点

图 2-49　弧形和折线对象的定数等分

4. 定数等分的选项介绍

● 块：插入定义好后的块，通过输入块的名称来指定。

（三）定距等分

1. 功　能

可以将所选对象等分为指定数目的相等长度，平均间隔一段距离排列点的实体或块。

2. 执行命令

菜单栏：【绘图】→【点】→【定距等分】。

命令行：Measure（ME）。

工具栏：⬛。

3. 操作步骤

使一条直线上按相等距离摆放几个点，如图 2-50 所示。

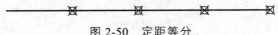

图 2-50　定距等分

操作方法：　　　　　　　　　　　　　命令含义：

命令：me　　　　　　　　　　　　　执行定距等分命令

选择要定距等分的对象：　　　　　　　拾取目标对象

指定线段长度或 [块（B）]: 25　　　指定线段长度为 25

4. 定数等分的选项介绍

● 块：插入定义好后的块，通过输入块的名称来指定。

（四）图案填充

1. 功　能

图案填充是一种使用指定线条图案、颜色来填满指定区域，常用于表达剖切面和不同类型物体对象的外观纹理，广泛应用于绘制机械图、建筑图及地质构造图。

2. 执行命令

菜单栏：【绘图】→【图案填充】。
命令行：Hatch（H）。
工具栏：▦。

3. 操作步骤

（1）在进行图案填充时，通常将位于一个已定义好的填充区域内的封闭区域称为孤岛。单击【图案填充】，将显示更多选项，可以对孤岛和边界进行设置，如图 2-51 所示。

图 2-51　图案填充设置

六、面　域

可以将现有面域合并为单个复合面域来计算面积。用户可以对面域执行【并集】、【差集】及【交集】3 种布尔运算。

（一）创建面域

1. 功　能

定义计算图形，为布尔运算做准备。

2. 执行命令

菜单栏：【绘图】→【面域】。
命令行：Region（REG）。
工具栏：◙。

3. 操作步骤

操作方法：　　　　　　　　　　　　　　命令含义：
命令:region　　　　　　　　　　　　　　执行面域命令

选择对象:	拾取准备定义的图形
已提取 2 个环	
已创建 2 个面域	拾取结束后便可进行布尔运算

4. 注意事项

只有在定义完面域后方可执行布尔运算，否则无法执行布尔运算命令。

（二）编辑面域

1. 功　能

对定义完面域后的图形进行布尔运算（【并集】、【差集】及【交集】）。

2. 执行命令

菜单栏:【修改】→【实体编辑】。

3. 操作步骤

（1）选择【并集】运算命令，分别拾取两个图形，如图 2-52 所示。并集运算是求两个图形的全部。

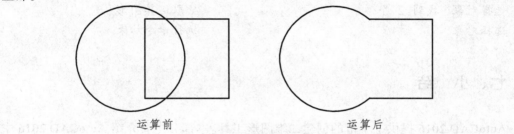

运算前　　　　　　　　　　　　运算后

图 2-52　并集运算

操作方法:	命令含义:
命令: union	执行并集运算命令
选择对象: 找到 2 个	选择两个图形
选择对象:	执行命令结束

（2）选择【差集】运算命令，保留矩形剩余部分，如图 2-53 所示。并集运算是求两个图形的相减部分。

运算前　　　　　运算后

图 2-53　差集运算

操作方法：   命令含义：

命令：subtract   执行并集运算命令

选择对象：找到 1 个   拾取保留图形

选择对象：选择要减去的实体、曲面和面域…   拾取减去的图形

选择对象：找到 1 个   拾取到图形

选择对象：   执行命令结束

（3）选择【交集】运算命令，拾取运算图形，如图 2-54 所示。并集运算是求两个图形的公共部分。

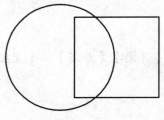 

运算前   运算后

图 2-54   差集运算

操作方法：   命令含义：

命令：intersect   执行并集运算命令

选择对象：找到 2 个   拾取运算图形

选择对象：   执行命令结束

七、小 结

AutoCAD 2016 提供了丰富的创建二维图形工具。本部分主要介绍 AutoCAD 2016 中基本的二维绘图命令，其中使用较多的二维绘图命令有线、矩形、圆、填充等。目的在于让读者掌握 AutoCAD 每个绘图命令的使用方法。

AutoCAD 是一门实践性很强的制图软件，只有多加练习、反复操作、理解每一个参数的意义，才能达到熟练运用的程度。

第四部分 AutoCAD 平面图形的编辑

利用 AutoCAD 绘制较为复杂的图形时，使用基本的绘图命令是远远达不到要求的，那么就要使用编辑命令进行处理，这时图形编辑显得尤为重要。图形编辑就是对图形对象进行移动、旋转、复制、缩放、修剪等复杂操作。AutoCAD 可以帮助用户合理地构建和组织图形，来完成图纸的设计要求。

通过本部分的学习，读者可以掌握编辑命令的使用方法，能够利用绘图命令和编辑命令制作复杂的图形。

一、变换操作

（一）移动对象

1. 功　能
调整对象的移动位置。

2. 执行方式
菜单栏：【修改】→【移动】。
命令行：Move（M）。
修改栏：（图标）。

3. 操作步骤

（1）使用移动命令移动圆到指定位置，如图 2-55 所示。

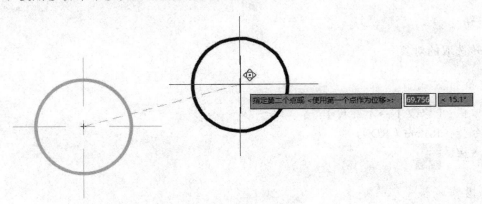

指定第二个点或 <使用第一个点作为位移>: 69.756 < 15.1°

图 2-55　移动对象 1

操作方法：	命令含义：
命令: m	执行移动命令
选择对象: 找到 1 个	选择移动对象
指定基点或 [位移（D）] <位移>:	指定位移基点
指定第二个点或 <使用第一个点作为位移>:	指定最终放置位置

（2）使用两点指定距离，使用由基点及第二点指定的距离和方向移动对象。如图 2-56 所示，移动圆。在命令提示下，输入 M；选择要移动的对象（1），指定移动基点（2），然后指定第二点（3）；软件将按照点 2 到点 3 的距离和方向移动对象。

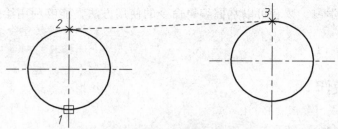

图 2-56　移动对象 2

4. 选项含义和功能说明

● 基点：指定移动对象的开始点。移动对象距离和方向的计算会以起点为基准。
● 位移（D）：指定移动距离和方向的 X、Y、Z 值。

5. 注意事项

（1）使用坐标、栅格捕捉、对象捕捉和其他工具可以精确地移动对象。移动对象时也可以将"极轴"打开，能够清楚看到移动的距离及方位。

（2）在移动时打开【正交】和【极轴】，有利于精确绘图。

（二）旋转对象

1. 功　能

旋转选取的对象。

2. 执行方式

菜单栏：【修改】→【旋转】。
命令行：Rotate（RO）。
修改栏：⟳。

3. 操作步骤

（1）使用旋转命令将矩形进行 90°旋转，如图 2-57 所示。

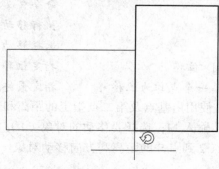

图 2-57　旋转矩形

操作方法:	命令含义:
命令: ro	执行旋转命令
选择对象: 找到 1 个	选择旋转对象
选择对象:	【空格键】跳过
指定基点:	指定旋转基点
指定旋转角度或 [参照（R）]: <正交 开> <极轴 开>	打开【正交】和【极轴】

（2）使用旋转命令旋转零件，如图 2-58 所示。

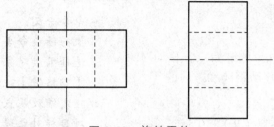

图 2-58　旋转零件

4. 选项含义和功能说明

● 旋转角度：指定对象绕指定的点旋转的角度。
● 复制（C）：在旋转对象的同时复制创建对象。
● 参照（R）：将对象从指定的角度旋转到新的绝对角度。
● 基点：指定旋转的中心点。

5. 注意事项

（1）旋转角度有正负之分，正角度表示逆时针旋转，负角度表示顺时针旋转。
（2）在旋转时打开【正交】和【极轴】，有利于精确绘图。

（三）缩放对象

1. 功　能

放大或缩小选定对象，使缩放后对象的比例保持不变。

2. 执行方式

菜单栏：【修改】→【缩放】。
命令行：Scale（SC）。
修改栏：▯。

3. 操作步骤

要缩放对象，需指定基点和比例因子。基点将作为缩放操作的中心，并保持静止。比例因子大于 1 时将放大对象。比例因子介于 0 和 1 之间时将缩小对象。
（1）用缩放命令将圆缩小，如图 2-59 所示。

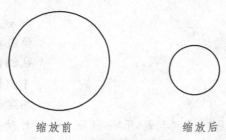

缩放前   缩放后

图 2-59 缩放圆

操作方法: 命令含义:

命令:sc   执行缩放命令

选择对象: 找到 1 个   选择缩放对象

选择对象: 【空格键】跳过

指定基点: 指定缩放基点

指定比例因子或 [参照（R）]: 0.5   对目标对象进行缩小 0.5 倍

（2）缩放命令示意图如图 2-60 所示。

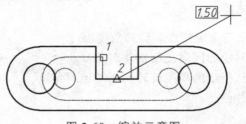

图 2-60 缩放示意图

4. 选项含义和功能说明

● 比例因子: 按指定的比例放大选定对象的尺寸。大于 1 的比例因子使对象放大。介于 0 和 1 之间的比例因子使对象缩小。另外，还可以拖动光标使对象变大或变小。

● 复制（C）: 在缩放对象时，创建缩放对象的复制图形。

● 参照（R）: 按参照长度和指定的新长度缩放所选对象。

● 基点: 指定缩放的中心点。

5. 注意事项

Scale 命令与 Zoom 命令是不同的，前者可改变实体的尺寸，后者只是缩放显示的视图，并不改变实体的尺寸值。

二、对象的复制

（一）复制对象

1. 功　能

复制对象并指定到相应的位置。

2. 执行命令

菜单栏：【修改】→【复制选择】。
命令行：Copy（CO）。
修改栏：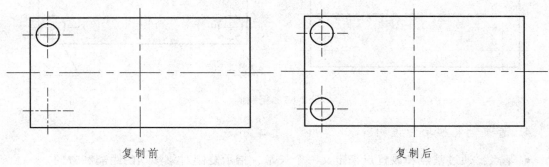。

3. 操作步骤

用复制命令复制圆，如图 2-61 所示。

复制前　　　　　　　　　　　　　　复制后

图 2-61　复制圆

操作方法：　　　　　　　　　　　　命令含义：
命令：co　　　　　　　　　　　　　执行复制命令
选择对象：找到 1 个　　　　　　　　选择缩放对象
选择对象：指定基点或位移，或者 [重复（M）]：
指定位移的第二点或 <用第一点作位移>：　　　指定缩放基点

（1）使用两点指定距离。

使用由基点及第二点指定的距离和方向复制对象。如图 2-62 所示，复制表示电子部件的块。使用复制命令，选择要复制的原始对象；指定基点（1），然后指定第二点（2），软件将按照点 1 到点 2 的距离和方向复制对象。

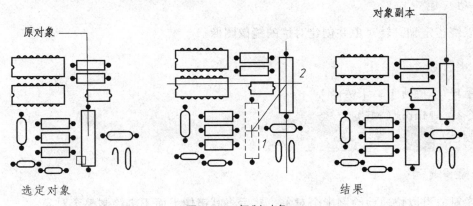

原对象　　　　　　　　　　　　　　　　　　　　　　对象副本

选定对象　　　　　　　　　　　　　　　　　　　结果

图 2-62　复制对象

（2）创建多个复制图形。

默认情况下，COPY命令自动重复执行，如图2-63所示。要退出该命令，可按【空格键】。

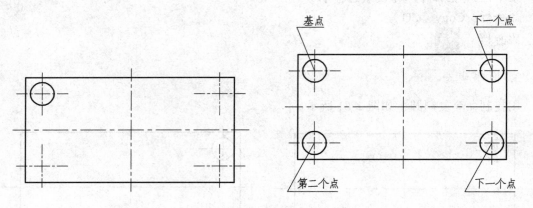

图2-63　复制圆

4. 选项含义和功能说明

● 基点：通过基点和放置点来定义一个矢量，指示复制对象移动的距离和方向。

● 位移：通过输入一个三维数值或指定一个点来指定对象复制图形在当前X、Y、Z轴的方向和位置。

● 模式：控制复制的模式为单个或多个，确定是否自动重复该命令。

● 基点：指定复制的落脚点。

5. 注意事项

在复制时打开【正交】和【极轴】，有利于精确绘图。

（二）镜像对象

1. 功　能

可以绕指定轴翻转对象并创建对称的镜像图像。

2. 执行命令

菜单栏：【修改】→【镜像】。
命令行：Mirror（MI）。
修改栏：

3. 操作步骤

镜像对象可以快速地绘制半个对象，然后将其镜像，而不必绘制整个对象。

（1）以矩形的中心线为镜像线对左侧的圆孔使用镜像命令，如图2-64所示。

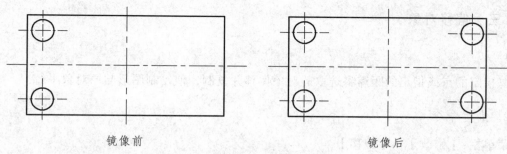

镜像前   镜像后

图 2-64 镜像圆孔

操作方法: 命令含义:

命令: mi   执行镜像命令

选择对象: 指定对角点: 找到 1 个   选择镜像对象

选择对象: 指定镜像线的第一点: 指定镜像中心第一点

指定镜像线的第二点: ＜正交 开＞   指定镜像中心第二点

是否删除源对象? [是(Y)/否(N)] ＜N＞:   不删除源对象

（2）镜像左侧零部件，如图 2-65、图 2-66 所示。

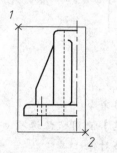   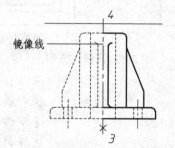   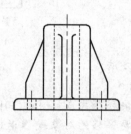

使用窗口选定的对象   使用两点定义的镜像直线   保留原对象的结果

图 2-65 镜像零部件

        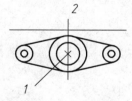

选定对象

图 2-66 镜像零部件

4. 选项含义和功能说明

● 是否删除源对象? [是（Y）/否（N）]: Y 为删除原始对象，N 为不删除原始对象。

● 镜像线: 镜像物体沿着指定的一条直线进行镜像目标图形。

5. 注意事项

在镜像时打开【正交】和【极轴】，有利于精确绘图。

（三）偏移对象

1. 功　能

以指定的点或指定的距离将选取的对象偏移并复制，使复制图形与原对象平行。

2. 执行命令

菜单栏：【修改】→【偏移】。

命令行：Offset（O）。

修改栏：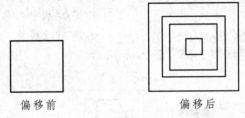。

3. 操作步骤

（1）使用偏移命令向内侧、向外侧偏移一组正方形，如图2-67所示。

偏移前　　　　　　　　　　偏移后

图2-67　偏移正方形

操作方法：	命令含义：
命令: o	执行偏移命令
指定偏移距离或 [通过(T)] <通过>:	【空格键】使用默认选项
选择要偏移的对象或 <退出>:	选择偏移对象
指定通过点:	指定偏移位置
选择要偏移的对象或 <退出>:	重复执行命令或【空格键】退出

（2）使用偏移命令将线段（1）向上偏移到线段（2）处，如图2-68所示。

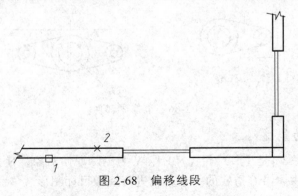

图2-68　偏移线段

（3）偏移距离。

在距现有对象指定的距离处创建对象。指定对象上要偏移的那一侧上的点（1）或输入选项，如图2-69所示。

图 2-69　偏移线段

（4）通过。

创建通过指定点的对象。注意在偏移带角点的多段线时为获得最佳效果，需在直线段中点附近（而非角点附近）指定通过点。然后指定偏移对象要通过的点（1）或输入距离。

4. 选项含义和功能说明

- 偏移距离：距偏移对象指定距离处创建选取对象的复制图形。
- 通过（T）：以指定点创建通过该点的偏移复制图形。
- 拖拽（D）：以拖拽的方式指定偏移距离，创建偏移复制图形。
- 删除（E）：在创建偏移复制图形之后，删除或保留源对象。

（四）阵列对象

1. 功　　能

复制选定对象，并按指定的方式排列。

2. 执行命令

菜单栏：【修改】→【阵列】。

命令行：Array（AR）。

工具栏：■。

3. 操作步骤

矩形阵列可以控制行和列的数目以及它们之间的距离。用 Array 命令进行矩形阵列，参数设置如图 2-70 所示。

图 2-70　矩形阵列对话框

（1）使用矩形阵列命令制作正方形阵列效果，如图 2-71 所示。

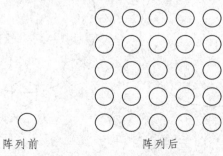

阵列前　　　　　　　　阵列后

图 2-71　矩形阵列效果

（2）用阵列命令控制行间距和列间距示意图如图 2-72 所示。

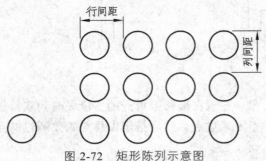
图 2-72　矩形陈列示意图

（3）用阵列命令控制旋转角度示意图如图 2-73 所示。

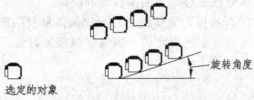
图 2-73　旋转角度示意图

4. 选项含义和功能说明

环形阵列可以控制复制图形的数目并决定是否旋转复制图形。阵列的半径由指定中心点与参照点或与最后一个选定对象上的基点之间的距离决定。可以使用默认参照点（通常是与捕捉点重合的任意点），或指定一个用作参照点的新基点，参数设置如图 2-74 所示。

图 2-74　环形阵列对话框

（1）使用环形阵列命令制作圆形阵列效果，如图 2-75 所示。

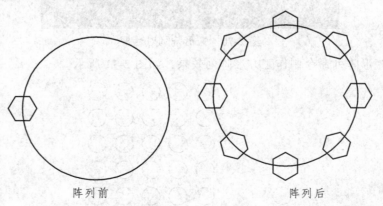
图 2-75　圆形阵列

（2）使用环形阵列命令复制圆，如图 2-76 所示。

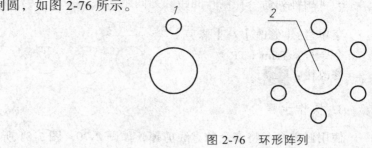

图 2-76　环形阵列

三、对象的编辑

（一）删除对象

1. 功　能

删除选定的图形对象。

2. 执行命令

菜单栏：【修改】→【删除】。
命令行：Erase（E）或 Delete 键。
修改栏：。

3. 操作步骤

（1）使用删除命令删除图中右侧的圆，如图 2-77 所示。

删除前

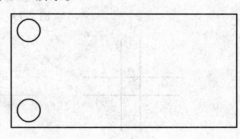
删除后

图 2-77　删除圆孔

（2）使用删除命令删除两条虚线，如图 2-78 所示。

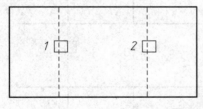

图 2-78　删除两条虚线

（二）修剪对象

1. 功　能

剪掉所选对象超出指定边界的部分。

2. 执行命令

菜单栏：【修改】→【修剪】。

命令行：Trim（TR）。

修改栏：-/--。

3. 操作步骤

使用修剪命令将多余的直线剪掉，如图 2-79 ~ 图 2-81 所示。

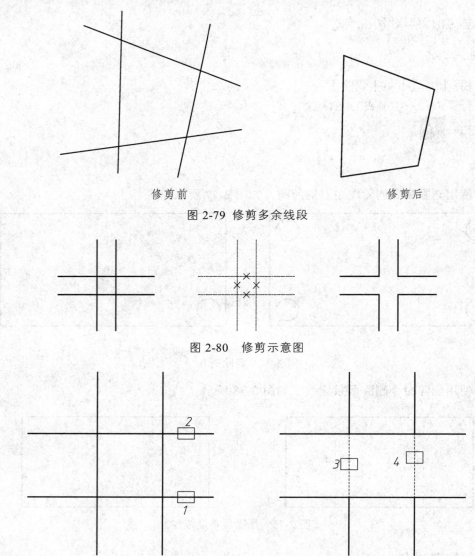

修剪前　　　　　　　　　　　　　　　　修剪后

图 2-79 修剪多余线段

图 2-80　修剪示意图

图 2-81　修剪示意图

操作方法：　　　　　　　　　　　　　　命令含义：

命令: tr　　　　　　　　　　　　　　　执行修剪命令

选择剪切边...   执行两次后按【空格键】
选择对象: 选择多余的线段

4. 选项含义和功能说明

● 要修剪的对象:指定要修剪的对象。

● 边缘模式（E）:修剪对象的假想边界或与之在三维空间相交的对象。

● 围栏（F）:通过直线辅助修剪,直线经过的线段会被剪掉。

● 窗交（C）:通过指定两个对角点来确定一个矩形窗口,选择该窗口内部或与矩形窗口相交的对象。

● 投影（P）:指定在修剪对象时使用的投影模式。

● 删除（R）:在执行修剪命令的过程中将选定的对象从图形中删除。

● 撤销（U）:撤销使用 Trim 对对象进行的修剪操作。

（三）分解对象

1. 功　能

将由多个对象组合而成的合成对象（如图块、多段线等）分解为独立对象。可以分解的对象包括块、多段线及面域等。

2. 执行命令

菜单栏:【修改】→【分解】。
命令行:Explode（X）。
修改栏:![icon]。

3. 操作步骤

使用分解命令炸开多边形使其成为单独的直线,如图 2-82 所示。

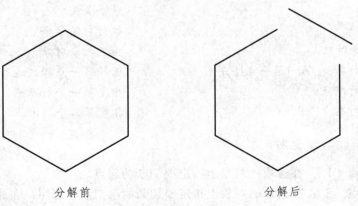

分解前   分解后

图 2-82　分解多边形

操作方法:	命令含义:
命令: x	执行分解命令
选择对象: 找到 1 个	指定分解对象
选择对象:	图形被分解成单独的直线段

（四）打断对象

1. 功　能

在目标图形指定的两点之间进行删除操作。

2. 执行命令

菜单栏:【修改】→【打断】。
命令行: Break（BR）。
修改栏: ■。

3. 操作步骤

使用打断命令删除指定点之间的线段, 如图 2-83 所示。

打断前　　　　　　　　　　　　　　　　打断后

图 2-83　打断矩形

操作方法:	命令含义:
命令: br	执行打断命令
BREAK 选择对象:	指定打断对象
指定第二个打断点 或 [第一点(F)]: f	选择第一点模式进行打断
指定第一个打断点:	指定第一个打断点
指定第二个打断点:	指定第二个打断点

4. 选项含义和功能说明

● 第一切断点（F）: 在选取的对象上指定要切断的起点。
● 第二切断点（S）: 在选取的对象上指定要切断的第二点。若用户在命令行输入 Break 命令后第一条命令提示中选择了 S（第二切断点）, 则系统将以选取对象时指定的点为默认的第一切断点。

5. 注意事项

（1）系统在使用 Break 命令切断被选取的对象时，一般是切断两个切断点之间的部分。当其中一个切断点不在选定的对象上时，系统将选择离此点最近的对象上的一点为切断点之一来处理。

（2）若选取的两个切断点在一个位置，可将对象切开，但不删除某个部分。除了可以指定同一点，还可以在选择第二切断点时，在命令行提示下输入@字符，这样可以达到同样的效果。但这种操作不适合圆，要切断圆，必须选择两个不同的切断点。

（3）在切断圆或多边形等封闭区域对象时，系统默认以逆时针方向切断两个切断点之间的部分。

四、对象变形操作

（一）延　伸

1. 功　能

延伸线段、弧、二维多段线或射线，使之与目标对象相连。

2. 执行命令

菜单栏：【修改】→【延伸】。
命令行：Extend（EX）。
修改栏：█──╱。

3. 操作步骤

使用延伸命令把左侧直线延伸到右侧直线上，如图 2-84 所示。

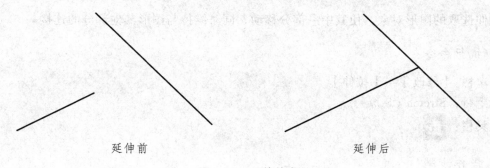

延伸前　　　　　　　　　　　　　延伸后

图 2-84　延伸线段

操作方法：　　　　　　　　　　　命令含义：
命令：ex　　　　　　　　　　　　执行延伸命令
选择边界的边…　　　　　　　　　选择目标延伸线

选择对象：找到 1 个

选择对象：　　　　　　　　　　　　　　　　　【空格键】跳过选择

选择要延伸的对象，

或按住 Shift 键选择要修剪的对象，

或 [投影(P)/边(E)/放弃(U)]：　　　　　　　　选择左侧线

4. 选项含义和功能说明

● 边界对象：选定对象，使之成为对象延伸的边界边。

● 延伸的实体：选择要进行延伸的对象。

● 边缘模式（E）：若边界对象的边和要延伸的对象没有实际交点，但又要将指定对象延伸到两对象的假想交点处，可选择"边缘模式"。

● 围栏（F）：进入"围栏"模式，可以选取围栏点。围栏点为要延伸的对象上的开始点，延伸多个对象到一个对象。

● 窗交（C）：进入"窗交"模式，通过从右到左指定两个点定义选择区域内的所有对象，延伸所有的对象到边界对象。

● 投影（P）：选择对象延伸时的投影方式。

● 删除（R）：在执行 Extend 命令的过程中选择对象将其从图形中删除。

● 撤销（U）：放弃之前使用 Extend 命令对对象的延伸处理。

5. 注意事项

在选择时，用户可根据系统提示选取多个对象进行延伸。同时，还可按住 Shift 键选定对象将其修剪到最近的边界边。若要结束选择，按【空格键】键即可。

（二）拉　伸

1. 功　能

拉伸选取的图形对象，使其中一部分移动，同时维持与图形其他部分的连接。

2. 执行命令

菜单栏：【修改】→【拉伸】。

命令行：Stretch（S）。

工具栏：　。

3. 操作步骤

用 Stretch 命令以交叉窗口或交叉多边形选择要拉伸的对象。

选择对象：使用圈交或窗交对象选择方法并在完成选择时按【空格键】键，如图 2-85 ~图 2-87 所示。

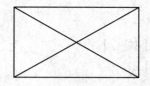

拉伸前   拉伸后

图 2-85   拉伸对象

图 2-86   拉伸对象

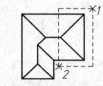 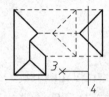 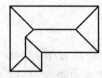

通过交叉选择选定的对象   指定的拉伸点   结果

图 2-87   拉伸对象

操作方法:	命令含义:
命令: s	执行拉伸命令
选择对象: 指定对角点: 找到 3 个	框选拉伸对象
选择对象:	【空格键】跳过选择
指定基点或位移:	指定拉伸原点
指定位移的第二个点或 <用第一个点作位移>:	指定拉伸位置

4. 选项含义和功能说明

● 指定基点：使用 Stretch 命令拉伸选取窗口内或与之相交的对象，其操作与使用 Move 命令移动对象类似。

● 位移：进行向量拉伸。

5. 注意事项

（1）可拉伸的对象包括与选择窗口相交的圆弧、椭圆弧、直线、多段线、二维实体、射线、宽线和样条曲线。

（2）拉伸与缩放不同，拉伸是局部对其变形操作，缩放是对图形整体放大或缩小。

（三）拉 长

1. 功 能

为选取的对象修改长度，为圆弧修改包含角。

2. 执行命令

菜单栏:【修改】→【拉长】。

命令行: Lengthen（LEN）。

工具栏: 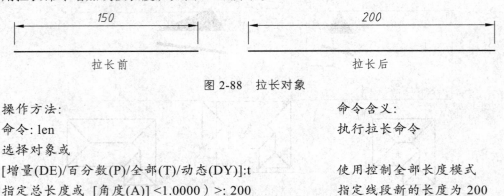。

3. 操作步骤

用拉长命令增加线段长度, 如图2-88所示。

图2-88　拉长对象

操作方法:　　　　　　　　　　　　　　　命令含义:

命令: len　　　　　　　　　　　　　　　执行拉长命令

选择对象或

[增量(DE)/百分数(P)/全部(T)/动态(DY)]:t　使用控制全部长度模式

指定总长度或 [角度(A)]<1.0000）>: 200　指定线段新的长度为200

4. 选项含义和功能说明

● 列出选取对象长度: 在命令行提示下选取对象, 在命令栏显示选取对象的长度。

● 动态（DY）: 开启"动态拖动"模式, 通过拖动选取对象的一个端点来改变其长度, 其他端点保持不变。

● 递增（I）: 以指定的长度为增量修改对象的长度, 该增量从距离选择点最近的端点处开始测量。

● 百分比（P）: 指定对象总长度或总角度的百分比来设置对象的长度或弧包含的角度。

● 全部（T）: 指定从固定端点开始测量的总长度或总角度的绝对值来设置对象长度或弧包含的角度。

5. 注意事项

递增方式拉长时, 若选取的对象为弧, 增量就为角度。若输入的值为正值, 则拉长扩展对象; 若为负值, 则修剪缩短对象的长度或角度。

五、倒角和圆角

（一）倒　角

1. 功　能

在两线交叉、放射状线条或无限长的线上建立倒角。

2. 执行命令

菜单栏：【修改】→【倒角】。

命令行：Chamfer（CHA）。

修改栏：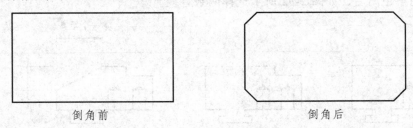。

3. 操作步骤

（1）使用倒角命令对矩形进行相等的倒角操作，如图2-89所示。

倒角前   倒角后

图2-89　对矩形倒角

操作方法: 命令含义:

命令: cha   执行倒角命令

选择第一条直线或[放弃(U)/多段线(P)/距离(D)/

角度(A)/修剪(T)/方式(E)/多个(M)]: d   确定倒角距离

指定第一个倒角距离 <0.0000>: 10   确定第一个倒角距离

指定第二个倒角距离 <10.0000>:10   确定第二个倒角距离

选择第一条直线或 [放弃(U)/多段线(P)/距离(D)/

角度(A)/修剪(T)/方式(E)/多个(M)]: p   确定目标对象属性为多段线

选择二维多段线: 选择目标对象

4 条直线已被倒角

（2）使用倒角命令对矩形进行不相等的倒角操作，如图2-90所示。

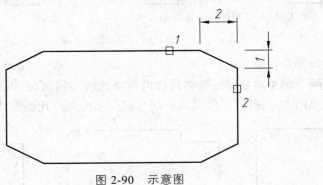

图2-90　示意图

（3）通过指定距离进行倒角。

倒角距离是每个对象与倒角线相接或与其他对象相交而进行修剪或延伸的长度，如图2-91所示。如果两个倒角距离都为0，则倒角操作将修剪或延伸这两个对象直至它们相交，但不创建倒角线。选择对象时，可以按住 Shift 键，以使用值 0 替代当前倒角距离。

原对象   倒角距离为 0   倒角距离不为 0

图 2-91 示意图

在以下样例中,将第一条直线的倒角距离设置为 0.5,将第二条直线的倒角距离设置为 0.25。指定倒角距离后,如图 2-92 所示选择两条直线。

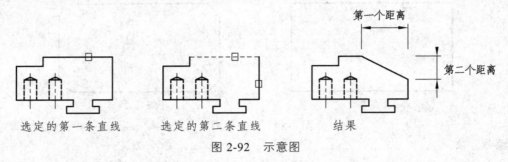

选定的第一条直线   选定的第二条直线   结果

图 2-92 示意图

（4）按指定长度和角度进行倒角。

可以通过指定第一个选定对象的倒角线起点及倒角线与该对象形成的角度来为两个对象倒角。如图 2-93 所示,对两条直线进行倒角,使倒角线沿第一条直线距交点 1.5 个单位处开始,并与该直线成 30°角。

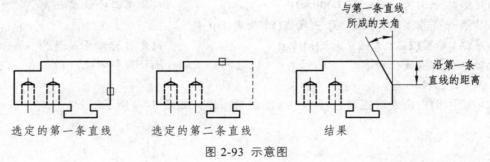

选定的第一条直线   选定的第二条直线   结果

图 2-93 示意图

（5）为多段线倒角。

如果选择的两个倒角对象是一条多段线的两条线段,则它们必须相邻或仅隔一个圆弧段。如图 2-94 所示,如果它们被圆弧段间隔,倒角将删除此弧并用倒角线替换它。

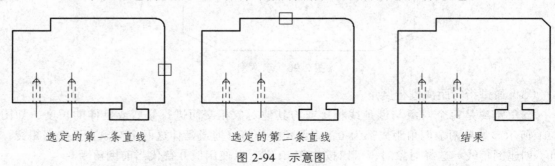

选定的第一条直线   选定的第二条直线   结果

图 2-94 示意图

（6）对整条多段线倒角。

对整条多段线倒角时，只对那些长度足够适合倒角距离的线段进行倒角。如图 2-95 所示，某些多段线线段太短而不能进行倒角。

图 2-95　示意图

（7）角度。

用第一条线的倒角距离和第二条线的角度设置倒角距离，如图 2-96 所示。

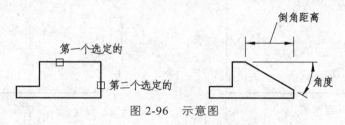

图 2-96　示意图

4. 选项含义和功能说明

● 选取第一个对象：选择要进行倒角处理的对象的第一条边，或要倒角的三维实体边中的第一条边。

● 设置（S）：开启"绘图设置"对话框的"对象修改"选项卡，用户可在其中选择倒角的方法，并设置相应的倒角距离和角度。

● 多段线（P）：为整个二维多段线进行倒角处理。

● 距离（D）：创建倒角后，设置倒角到两个选定边的端点的距离。

● 角度（A）：指定第一条线的长度和第一条线与倒角后形成的线段之间的角度值。

● 修剪（T）：由用户自行选择是否对选定边进行修剪，直到倒角线的端点。

● 方式（M）：选择倒角方式。倒角处理的方式有两种："距离-距离"和"距离-角度"。

● 多个（U）：可为多个两条线段的选择集进行倒角处理。

5. 注意事项

（1）若做倒角处理的对象没有相交，系统会自动修剪或延伸到可以做倒角的情况。

（2）若为两个倒角距离指定的值均为 0，选择的两个对象将自动延伸至相交。

（3）用户选择"放弃"时，倒角处理将全部被取消。

（4）使用"多个"选项可以为多组对象倒角而无须结束命令。

（二）圆　角

1. 功　能

为两段圆弧、圆、椭圆弧、直线、多段线、射线、样条曲线或构造线以及三维实体创建以指定半径的圆弧形成的圆角。

2. 执行命令

菜单栏：【修改】→【圆角】。
命令栏：Fillet（F）。
修改栏：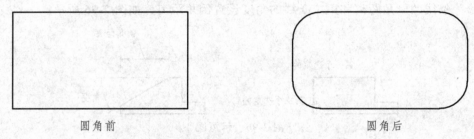。

3. 操作步骤

（1）使用圆角命令将矩形进行倒圆角，如图 2-97 所示。

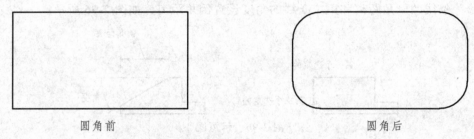

圆角前　　　　　　　　　　　　　　　　　　圆角后

图 2-97　对矩形圆角

操作方法:	命令含义:
命令:f	执行圆角命令
选择第一个对象或	
[放弃(U)/多段线(P)/半径(R)/修剪(T)/多个(M)]:r	确定圆角半径
指定圆角半径 <0.0000>: 10	确定圆角半径值为 10
选择第一个对象或	
[放弃(U)/多段线(P)/半径(R)/修剪(T)/多个(M)]:p	确定目标对象属性为多段线
选择二维多段线:	选择目标对象
4 条直线已被圆角	

（2）设置圆角半径。

圆角半径是连接被圆角对象的圆弧半径。修改圆角半径将影响后续的圆角操作。如果设置圆角半径为 0，则被圆角的对象将被修剪或延伸直到它们相交，并不创建圆弧。选择对象时，可以按住 Shift 键，以使用值 0（零）替代当前圆角半径，如图 2-98 所示。

圆角前的两条直线　　　带半径圆角的两条直线　　　带零半径圆角的两条直线

图 2-98　示意图

（3）修剪和延伸圆角对象。

可以使用"修剪"选项指定是否修剪选定对象，将对象延伸到创建的弧的端点，或不作修改，如图2-99所示。

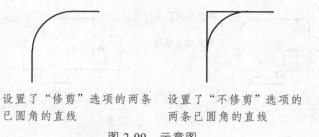

设置了"修剪"选项的两条　　设置了"不修剪"选项的
已圆角的直线　　　　　　　两条已圆角的直线

图 2-99　示意图

（4）控制圆角位置。

根据指定的位置，选定的对象之间可以存在多个可能的圆角。比较图例中的选择位置和生成的圆角，如图2-100所示。

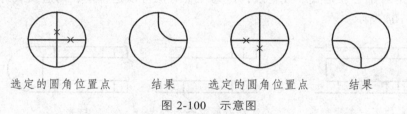

选定的圆角位置点　　　结果　　　选定的圆角位置点　　　结果

图 2-100　示意图

（5）为直线和多段线的组合加圆角。

要对直线和多段线进行圆角，每条直线或其延长线必须与一个多段线的直线段相交。如果打开"修剪"选项，则进行圆角的对象和圆角弧合并形成单独的新多段线，如图2-101所示。

选定的多段线　　　　　　选定的直线　　　　　　　结果

图 2-101　示意图

（6）为整个多段线加圆角。

可以为整个多段线加圆角或从多段线中删除圆角。如果设置一个非零的圆角半径，将在长度足够适合圆角半径的每条多段线线段的顶点处插入圆角弧，如图2-102所示。

选定的多段线　　　　　　选定的直线　　　　　　　结果

图 2-102　示意图

如果两条多段线线段在接近分隔它们的圆弧段时收敛，Fillet命令将删除圆弧段并将其替换为圆角弧。如果将圆角半径设置为 0，则不插入圆角弧。如果两条多段线线段被一条圆弧段分隔，Fillet命令将删除该圆弧段并延伸直线，直到它们相交，如图 2-103 所示。

用于圆角的选定多段线　　　　　　　结果：圆角弧替代圆弧段

图 2-103　示意图

（7）为平行直线圆角。

可以为平行直线、参照线和射线圆角。临时调整当前圆角半径，以创建与两个对象相切且位于两个对象的共有平面上的圆弧。

第一个选定对象必须是直线或射线，但第二个对象可以是直线、构造线或射线。圆角弧的连接如图 2-104 所示。

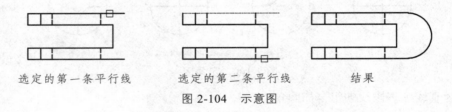

选定的第一条平行线　　　选定的第二条平行线　　　　结果

图 2-104　示意图

（8）第一个对象。

选择定义二维圆角所需的两个对象中的第一个对象，或选择三维实体的边，以便给其加圆角。选择第二个对象，或按住 Shift 键选择要应用角点的对象：使用对象选择方法，或按住 Shift 键选择对象，以创建一个锐角，如图 2-105 所示。

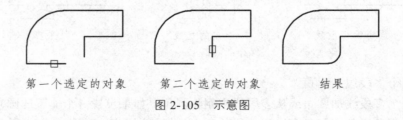

第一个选定的对象　　　第二个选定的对象　　　　结果

图 2-105　示意图

如果选择直线、圆弧或多段线，它们的长度将进行调整，以适应圆角弧度。选择对象时，可以按住 Shift 键，以使用值 0（零）替代当前圆角半径。

如果选定对象是二维多段线的两个直线段，则它们可以相邻或者被另一条线段隔开。如果它们被另一条多段线分开，执行 Fillet 命令将删除分开它们的线段并代之以圆角。在圆之间和圆弧之间可以有多个圆角存在。选择靠近期望的圆角端点的对象，如图 2-106 所示。

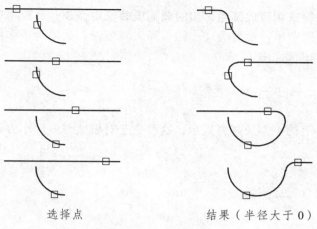

选择点   结果（半径大于 0）

图 2-106   示意图

（9）Fillet 命令不修剪圆，圆角弧与圆平滑地相连，如图 2-107 所示。

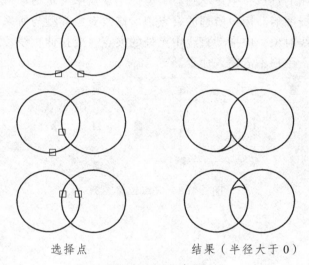

选择点   结果（半径大于 0）

图 2-107   示意图

4. 选项含义和功能说明

● 选取第一个对象：选取要创建圆角的第一个对象。

● 多段线（P）：在二维多段线中的每两条线段相交的顶点处创建圆角。

● 半径（R）：设置圆角弧的半径。

● 修剪（T）：在选定边后，若两条边不相交，选择此选项确定是否修剪选定的边使其延伸到圆角弧的端点。

● 多个（M）：为多个对象创建圆角。

5. 注意事项

（1）给通过直线段定义的图案填充边界进行圆角会删除图案填充的关联性。如果图案填充边界是通过多段线定义的，将保留关联性。

（2）使用"多个"选项可以圆角多组对象而无须结束命令。

六、夹点编辑

1. 功　能

选择对象时图形上的小方块高亮显示，这些位于对象关键点的小方块就称作夹点。

2. 执行命令

通过鼠标操作进行夹点编辑。

3. 操作步骤

夹点的位置视所选对象的类型而定。如图 2-108 所示，夹点会显示在直线的端点与中点，圆的四分点与圆心，弧的端点、中点与圆心。要使用夹点来编辑图形，需选取对象以显示夹点，再点选夹点来编辑图形。用户所选的夹点视所修改对象类型与所采用的编辑方式而定。举例来说，要移动直线对象，应拖动直线中点处的夹点。要拉伸直线，应拖动直线端点处的夹点。在使用夹点时，用户不需输入命令。

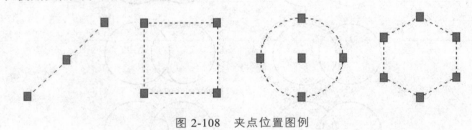

图 2-108　夹点位置图例

七、小　结

AutoCAD 2016 提供了丰富的创建二维图形工具。本部分主要介绍 AutoCAD 2016 中基本的二维绘图命令，其中使用频率最高的二维绘图命令有线、矩形、圆、填充等。

本部分目的在于让读者掌握 AutoCAD 每个绘图命令的使用方法，同时分享一些制图过程中的经验与技巧。AutoCAD 是一门实践性很强的制图软件，只有多加练习反复操作理解每一个参数的意义，才能达到熟练绘制复杂图形的目的。

第五部分　AutoCAD 中设置样板文件

图形样板文件是包含有一定绘图环境和专业参数的设置，但没有图形对象的空白文件，并将此空白文件保存为".dwt"格式的文件。

在机械制图中，国家标准规定图纸分为 A0、A1、A2、A3、A4 五类图纸，而每一类图纸又分为有装订边和无装订边两种，并且图纸还有横放与竖放的区别，所以在实际绘图之前，可以根据需要建立各类图纸的图形样板格式文件，方便在绘图时进行适时调用，提高绘图效率。这里仅就 A4 图纸的图形样板文件的建立来进行举例，其余几类图纸的图形样板文件读者可以参照 A4 图纸的建立自行完成，以方便自己以后的图形绘制。

【例】新建一个名为 A4.dwt 的图形样板文件，要求如下：

（1）设置绘图界限为 A4，长度单位精度小数点后面保留 3 位数字，角度单位精度小数点后面保留 1 位数字。

（2）按照表 2-3 所示的要求设置图层、线型。

表 2-3　图层设置

序号	层名	颜色	线型	线宽/mm
1	中心线	红色	Center	0.25
2	虚线	黄色	Hidden	0.25
3	细实线	蓝	Continuous	0.25
4	粗实线	白	Continuous	0.50
5	尺寸线	青	Continuous	0.25
6	文字	白	Continuous	0.25

（3）按照表 2-4 设置文字样式（使用大字体 gbcbig.shx）。

表 2-4　文字样式设置

序号	样式名	字体名	文字宽的系数	文字倾斜角度/（°）
1	数字	Gbeitc.shx	1	0
2	汉字	Gbenor.shx	1	0

（4）根据图形设置尺寸标注样式。

① 机械样式：建立标注的基础样式，其设置如下。

将"基线间距"内的数值改为 7，"超出尺寸线"内的数值改为 2.5，"起点偏移量"内的数值改为 0，"箭头大小"内的数值改为 3，弧长符号选择"标注文字的上方"，将"文字样式"设置为已经建立的"数字"样式，"文字高度"内的数值改为 3.5，将"线性标注"中的"精度"设置为 0，"小数分隔符"设置为"."（句点），其他选用默认选项。

② 角度，其设置如下。

建立机械样式的子尺寸，在标注角度的时候，尺寸数字是水平的。

③ 直径尺寸，其设置如下。

建立机械样式的子尺寸，在标注直径尺寸时，尺寸数字都是水平的。

④ 半径尺寸，其设置如下。

建立机械样式的子尺寸，在标注半径尺寸时，尺寸数字都是水平的。

⑤ 非圆直径，其设置如下。

在机械样式的基础上，在标注任何尺寸时，尺寸数字前都加注符号 ϕ 的父尺寸。

⑥ 标注一半尺寸，其设置如下。

在机械样式的基础上，在标注任何尺寸时，只是显示一半尺寸线和尺寸界线的父尺寸。该标注形式一般用于半剖图形中。

（5）标题栏的制作样式如图 2-109 所示，其中"图名""校名"高为 7，其余字高为 5，不标注尺寸。

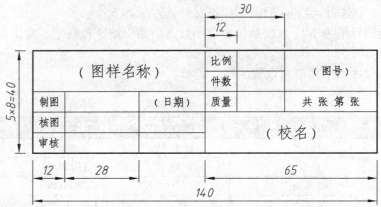

图 2-109　标题栏制作样式

（6）将粗糙度（Ra 数值为属性）符号制作成带属性的内部图块，Ra 字高为 5，如图 2-110 所示。

（7）根据以上设置建立一个 A4 样板文件，并保存在计算机上。

制图过程如下。

（1）设置图形界限和长度单位、角度单位精度。

设置图形界限：在命令栏输入 limits 命令，指定左下角点时输入（0，0），右上角输入（210，297）。

图 2-110　粗糙度绘制样式

设置长度、角度单位精度：菜单栏【格式】→【单位】，打开图形单位对话框，设置如图 2-111 所示。

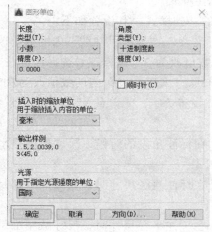

图 2-111　图形单位、角度设置

（2）设置图层、线型、线宽、颜色，如图 2-112。

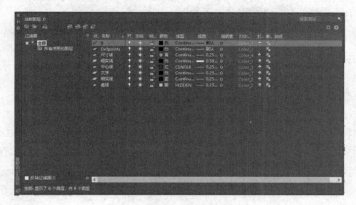

图 2-112　图层设置

（3）菜单栏【格式】→【文字样式】，打开文字样式对话框，按要求设置汉字、数字文字样式，如图 2-113 和图 2-114 所示。

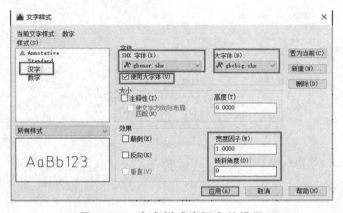

图 2-113　文字样式中汉字的设置

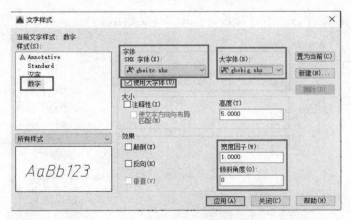

图 2-114　文字样式中数字的设置

（4）菜单栏【格式】→【标注样式】，打开标注样式对话框，新建机械样式，如图 2-115 所示。

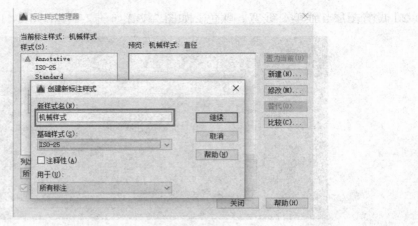

图 2-115　标注样式的设置

以机械样式为当前样式新建样式，并将"用于"设置为"角度标注"，如图 2-116 所示。

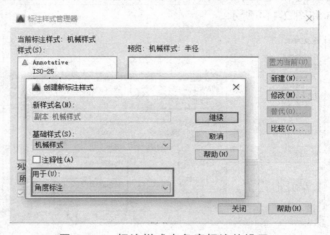

图 2-116　标注样式中角度标注的设置

同角度标注，新建半径、直径标注，如图 2-117 所示。

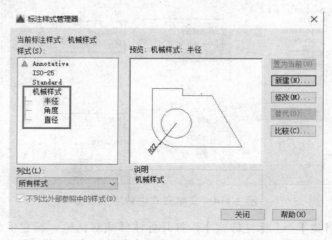

图 2-117　标注样式中角度、半径、直径标注的设置

以机械样式为当前样式新建非圆直径样式，设置如图2-118和图2-119所示。

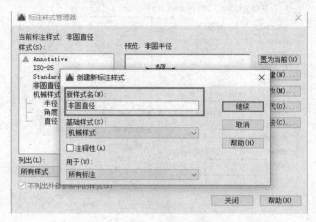

图2-118   标注样式中非圆直径标注的新建

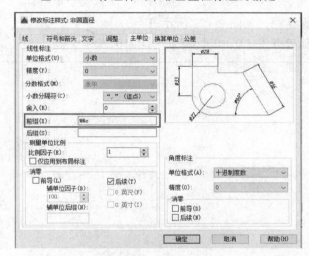

图2-119   标注样式中非圆直径标注的设置

以机械样式为当前样式新建标注一半尺寸样式，设置如图2-120和图1-121所示。

图2-120   标注样式中标注一半尺寸的新建

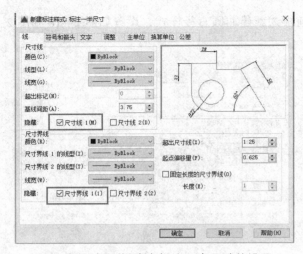

图 2-121　标注样式中标注一半尺寸的设置

（5）制作图框、标题栏，如图 2-122 所示

注：外边框的绘制起点为（0，0），终点为（210，297）。

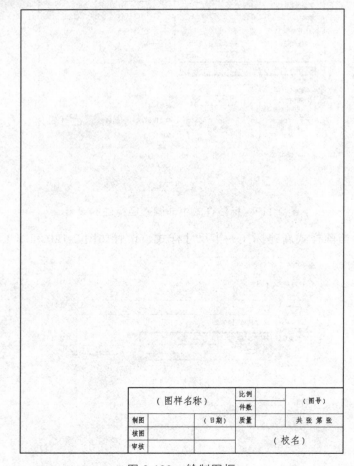

图 2-122　绘制图框

（6）绘制带属性的粗糙度块：略。

（7）保存为.dwt 样板文件。

【检查题】

1. 投影法分为几个大类？

_____

_____

_____

2. 什么叫作正投影？正投影的特点有哪三点（九个字）？

_____

_____

_____

3. 三视图是如何形成的？

_____

_____

_____

4. 参看图 2-123 所示的游标卡尺的结构，请说出各个部分的用途和使用方法。

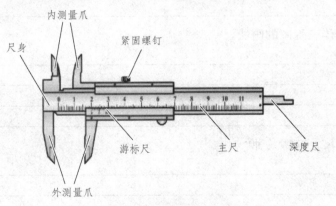

内测量爪　紧固螺钉　尺身　游标尺　主尺　深度尺　外测量爪

图 2-123　游标卡尺

_____

_____

_____

5. 什么叫作测量？测量的类型有哪些？

_____

_____

_____

6. 什么叫作测量误差？应如何避免测量误差？

_____

_____

_____

7. 测量器具的类型有哪些？

_____

_____

_____

8. 立体表面的交线有几种？如何绘制？

_____

_____

_____

9. 简述组合体的组合形式及其表面连接处的画法。

_____

_____

_____

10. 简述组合体三视图的画法。

_____

_____

_____

11. 组合体的尺寸有哪几种？

_____

_____

_____

12. 组合体的尺寸基准有哪些？

_____

_____

_____

13. 已知两视图，找出对应的第三视图（见图 2-124 ~ 图 2-129）。

（1）

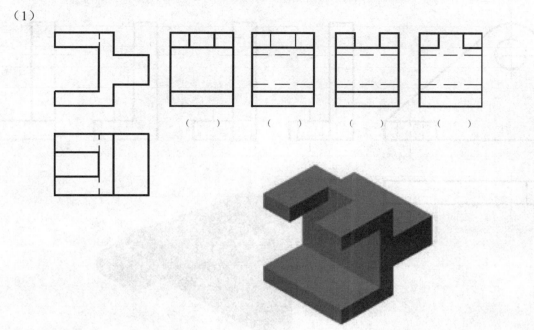

（ ）   （ ）   （ ）   （ ）

图 2-124　三视图 1

（2）

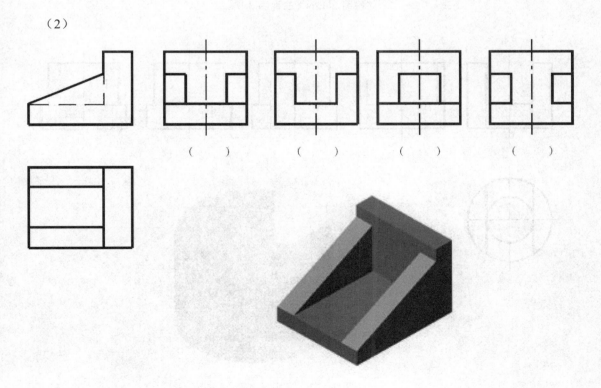

（ ）   （ ）   （ ）   （ ）

图 2-125　三视图 2

（3）

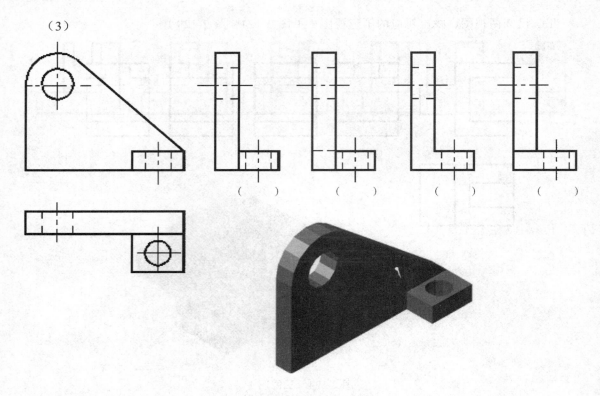

（　）　　（　）　　（　）　　（　）

图 2-126　三视图 3

（4）

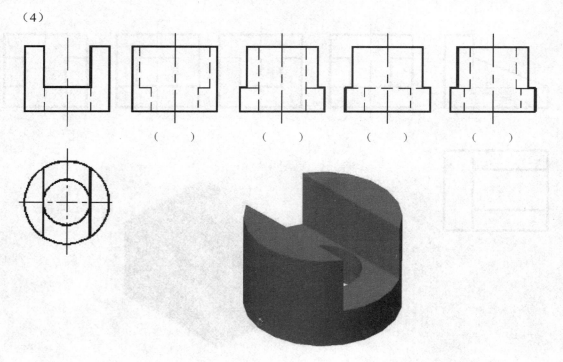

（　）　　　（　）　　　（　）　　　（　）

图 2-127　三视图 4

（5）

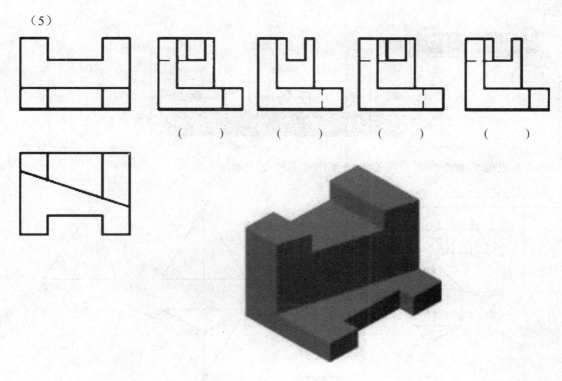

图 2-128　三视图 5

（6）

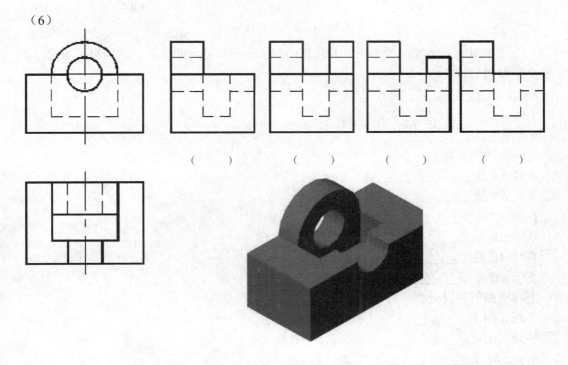

图 2-129　三视图 6

任务一
正三棱锥的点、线、面分析

（1）根据实物绘制正三棱锥的三视图（见图 2-130）；

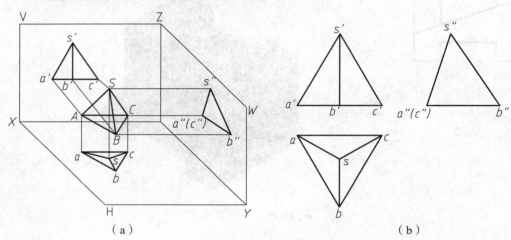

（a）　　　　　　　　　　　　　　　　　　　（b）

图 2-130　正三棱锥

（2）分析正三棱锥的 4 个顶点、6 条直线和 4 个平面的空间位置，完成以下填空。

空间点的分析：

S 点是＿＿＿＿＿＿＿＿＿点；

A 点是＿＿＿＿＿＿＿＿＿点；

B 点是＿＿＿＿＿＿＿＿＿点。

空间直线的分析：

直线 SA 是＿＿＿＿＿＿＿＿＿线；

直线 SB 是＿＿＿＿＿＿＿＿＿线；

直线 SC 是＿＿＿＿＿＿＿＿＿线；

直线 AB 是＿＿＿＿＿＿＿＿＿线；

直线 AC 是＿＿＿＿＿＿＿＿＿线；

直线 BC 是＿＿＿＿＿＿＿＿＿线。

空间平面的位置分析：

平面 SAB 是＿＿＿＿＿＿＿＿＿平面；

平面 SAC 是＿＿＿＿＿＿＿＿＿平面；

平面 SBC 是＿＿＿＿＿＿＿＿＿平面；

平面 ABC 是＿＿＿＿＿＿＿＿＿平面。

任务二
抄画轴承座三视图

（1）抄画图 2-131 所示的组合体三视图，绘图比例为 1∶1；

（2）图形尺寸的标注应按照尺寸标注的要求，并注意美观；

（3）创建 AutoCAD 样板文件，按要求在 AutoCAD 中绘制机械制图标准图框（277×190）、标题栏，合理分层（按图线分保存），并创建机械标注样式、角度标注样式、文字样式；

（4）在 AutoCAD 中绘制三视图，要求图形美观，符合机械制图国标要求；

（5）在 AutoCAD 中为三视图进行尺寸标注，要求符合机械标准。

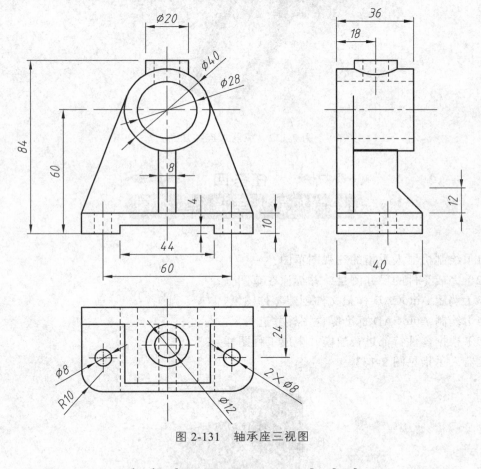

图 2-131　轴承座三视图

任务三
绘制机器人连接法兰的三视图

（1）绘制机器人连接法兰三视图草图；

（2）完成零件的尺寸测量，并标注在草图上；

（3）完成 AutoCAD 样板文件的新建；

（4）绘制 AutoCAD 标准零件图样并进行尺寸标注；

（5）根据零件特征进行建模并生成工程图样。

机器人连接法兰见图 2-132。

图 2-132　机器人连接法兰

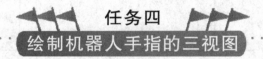

任务四
绘制机器人手指的三视图

（1）绘制机器人手指的三视图草图；

（2）完成零件的尺寸测量，并标注在草图上；

（3）调用 AutoCAD 样板文件创建零件图纸；

（4）绘制 AutoCAD 标准零件图样并进行尺寸标注；

（5）根据零件特征进行建模并生成工程图样。

机器人手指见图 2-133。

图 2-133　机器人手指

工 作 计 划

任务：零件图的绘制

表 2-5 工作计划

序号	工作内容	准备清单 零件/测量工具/绘图工具	工作安全	工作时间	
				计划	实际

考核评分

表 2-6 考核评分

情景二：零件图的绘制

组织形式　个人工作□　小组协同工作□

| 序号 | 评分点 | 结果评价 | | 个人工作 | | 小组协同工作 | |
		工作评价 工作要求	权重	个人评价	小组评价	教师评价	最终评价分数
1	图幅	尺寸正确、标注准确	0.1				
2	图框	边距正确、线型合理、边线平直	0.1				
3	标题栏	尺寸符合要求、线型合理、填写规范	0.1				
4	图形	中心线型、圆弧连接合理、表达准确	0.1				
5	尺寸标注	标注规范、箭头符号规范	0.1				
6	幅面	整洁、表达清晰	0.1				
7	样本文件	图框、标题栏尺寸正确，尺寸样式设置合理	0.2				
8	AutoCAD 图纸	模板选用合理、线型选用合理、图形表达准确	0.2				
综合评价得分		（转化为百分制）					
班级					小组		

备注：个人评价分数分为 0、2、4、6、8、10，按与工作实际要求的符合性评分。
　　　小组评价分数分为 0、2、4、6、8、10，按组内与工作实际要求的符合性的相近程度排序得分。
　　　教师评价分数按个人评价与小组评价分数与小组评价分数的符合程度分 0、5、10 评分，两个成绩相一致为 10 分，相差一级为 5 分，相差两级及以
　　　上为 0 分。最终评价分数参考以上三者情况，根据权重评分。

106

轴测图的绘制

在工程图样的绘制中，我们需要具备较好的空间想象能力和空间思维能力。在这一学习情境中，我们要学习工程图学中具有立体感平面图形的表达方法——轴测图的画法。希望通过本项目的学习，加深同学们对平面立体图形绘制的认知。

知识目标 ▽

（1）了解轴测投影的概念、用途和分类，熟悉轴测投影的投影特性；
（2）掌握正等测图的轴间角、轴向伸缩系数和画法；
（3）掌握斜二测图的轴间角、轴向伸缩系数和画法。

能力目标 ▽

（1）能够具有一定的徒手绘制简单轴测图的能力；
（2）能够利用 AutoCAD 进行正等轴测图的与斜二测轴测图的绘制；
（3）能利用 AutoCAD 进行轴测图的尺寸标注。

任务布置 ▽

绘制实训工具架刀座的零件轴测图

（1）识读实训工具架刀座的零件图；
（2）根据实训工具架刀座的零件图绘制正等轴测图；
（3）绘图比例为 2∶1；
（4）利用 AutoCAD 绘制实训工具架刀座的轴测图，并进行尺寸标注；
（5）根据零件特征创建三维模型。

实训工具架刀座见图 3-1。

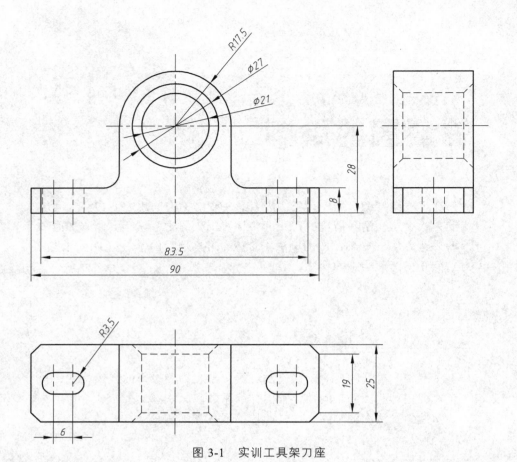

图 3-1　实训工具架刀座

知识链接 ▽

第一部分 轴测图的基本知识

　　物体的正投影视图能真实地表达物体的形状和大小，所以在工程上得到了广泛应用。但由于每个视图只能反映其二维形状大小，因而其缺乏立体感。轴测图是用平行投影法绘制的单面投影图，它能同时反映物体三个方向的形状，因而具有较强的立体感。但其由于度量性差、作图复杂，在机械图样中只作为辅助图样来表示物体的结构形状。

一、轴测图的基础知识

1. 轴测图的形成

　　将空间物体连同确定其位置的直角坐标系，沿不平行于任一坐标平面的方向，用平行投影法投射在某一选定的单一投影面上所得到的具有立体感的图形，称为轴测投影图，简称轴测图，如图 3-2 所示。

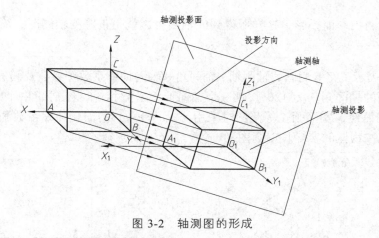

图 3-2　轴测图的形成

强调：轴间角与轴向伸缩系数是绘制轴测图的两个主要参数。

2. 术　语

（1）轴测轴。直角坐标轴 OX、OY、OZ 在轴测投影面上的投影 O_1X_1、O_1Y_1、O_1Z_1 称为轴测轴。

（2）轴间角。轴测投影中，任意两根直角坐标轴在轴测投影面上的投影之间的夹角称为轴间角。

（3）轴向伸缩系数。直角坐标轴的轴测投影的单位长度与相应直角坐标轴上单位长度的比值，称为轴向伸缩系数。OX、OY、OZ 轴上的轴向伸缩系数分别用 p_1、q_1 和 r_1 表示，即 $p_1 = O_1A_1/OA$，$q_1 = O_1B_1/OB$，$r_1 = O_1C_1/OC$。简化后的轴向伸缩系数分别用 p、q 和 r 表示。

3. 轴测图的种类

（1）按照投影方向与轴测投影面的夹角的不同，轴测图可以分为正轴测图、斜轴测图。

正轴测图 —— 轴测投影方向（投影线）与轴测投影面垂直时投影所得到的轴测图。

斜轴测图 —— 轴测投影方向（投影线）与轴测投影面倾斜时投影所得到的轴测图。

（2）按照轴向伸缩系数的不同，轴测图可以分为正（或斜）等测轴测图、正（或斜）二等测轴测图和正（或斜）三等测轴测图。

本部分只介绍工程上常用的正等测图和斜二测图的画法。

4. 轴测图的基本性质

（1）物体上互相平行的线段，在轴测图中仍互相平行；物体上平行于坐标轴的线段，在轴测图中仍平行于相应的轴测轴，且同一轴向所有线段的轴向伸缩系数相同。

（2）物体上不平行于坐标轴的线段，可以用坐标法确定其两个端点然后连线画出。

（3）物体上不平行于轴测投影面的平面图形，在轴测图中变成原形的类似形。如长方形的轴测投影为平行四边形，圆形的轴测投影为椭圆等。

二、正等轴测图

1. 形成方法

如图 3-3（a）所示，如果使三条坐标轴 OX、OY、OZ 对轴测投影面处于倾角都相等的位置，把物体向轴测投影面投影，这样所得到的轴测投影就是正等测轴测图，简称正等测图。

2. 参　　数

图 3-3（b）表示了正等测图的轴测轴、轴间角和轴向伸缩系数等参数及画法。从图中可以看出，正等测图的轴间角均为 120°，且三个轴向伸缩系数相等，经推证并计算可知 $p = q = r = 0.82$。为作图简便，实际画正等测图时采用 $p = q = r = 1$ 的简化伸缩系数画图，即沿各轴向的所有尺寸都按物体的实际长度画图。

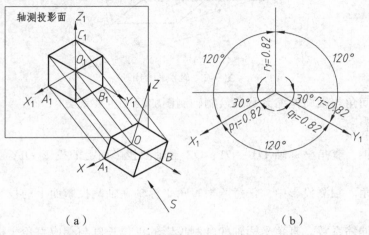

（a）　　　　　　　　　　　（b）

图 3-3　正轴测图的形成及参数

3. 平面立体的正等轴测图画法

（1）长方体的正等测图。

分析：根据长方体的特点，选择其中一个角顶点作为空间直角坐标系原点，并以过该角顶点的三条棱线为坐标轴。先画出轴测轴，然后用各顶点的坐标分别定出长方体的八个顶点的轴测投影，依次连接各顶点即可，作图方法与步骤如图 3-4 所示。

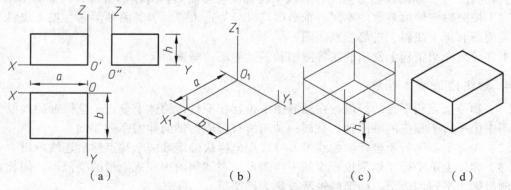

（a）　　　　　　　（b）　　　　　　　（c）　　　　　　　（d）

图 3-4　长方体的正等测图

① 在视图上设置直角坐标系，如图 3-4（a）所示；② 绘制长方体下表面的正等轴测图，如图 3-4（b）所示；③ 绘制长方体的高度，如图 3-4（c）所示；④ 擦去多余图线，加深图线，完成作图，如图 3-4（d）所示。

（2）用坐标法画正六棱柱体的正等测图。

画平面立体图正等轴测图的最基本方法是确定坐标，即根据立体表面各个顶点的坐标，分别画出它们的轴测投影，然后顺次连接各顶点的轴测投影，从而完成立体图。

分析：由于正六棱柱前后、左右对称，为了减少不必要的作图线，从顶面开始作图比较方便。故选择顶面的中点作为空间直角坐标系原点，棱柱的轴线作为 OZ 轴，顶面的两条对称线作为 OX、OY 轴。然后用各顶点的坐标分别定出正六棱柱的各个顶点的轴测投影，依次连接各顶点即可，作图方法与步骤如图 3-5 所示。

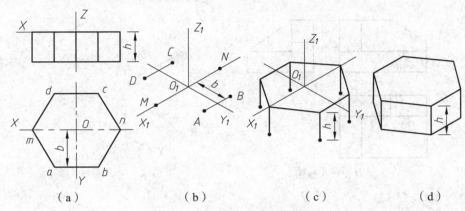

（a）   （b）   （c）   （d）

图 3-5　正六棱柱体的正等测图

① 在视图上设置直角坐标系，如图 3-5（a）所示；② 在轴测轴上取出正六边形的六点，如图 3-5（b）所示；③ 连接正六边形的六个点，形成六棱柱上表面的正等轴测图，分别用六个点向下引出高度，如图 3-5（c）所示；④ 连接底面六个点，擦去遮住部分和多余图线，加深图线，完成作图，如图 3-5（b）所示。

（3）用坐标法画三棱锥的正等测图。

分析：由于三棱锥由各种位置的平面组成，作图时先确定锥顶和底面的轴测投影，然后连接各棱线即可，作图方法与步骤如图 3-6 所示。

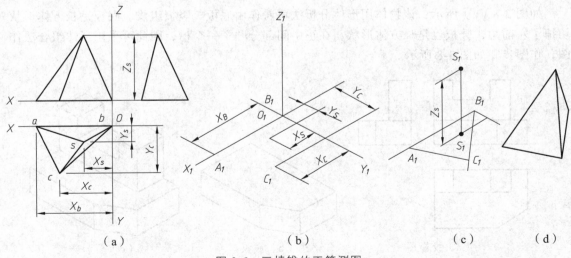

（a）   （b）   （c）   （d）

图 3-6　三棱锥的正等测图

① 在视图上设置直角坐标系，如图 3-6（a）所示；② 在轴测轴上取出三棱锥底面的点，如图 3-6（b）所示；③ 取出三棱锥的顶点，如图 3-6（c）所示；④ 连接顶点到底面的三个点，擦去遮住部分和多余图线，加深图线，完成作图，如图 3-6（d）所示。

（4）切割法。

作图分析：对于图 3-7（a）所示物体的形体特点，可采用切割法作图，作图步骤如图 3-7 所示。

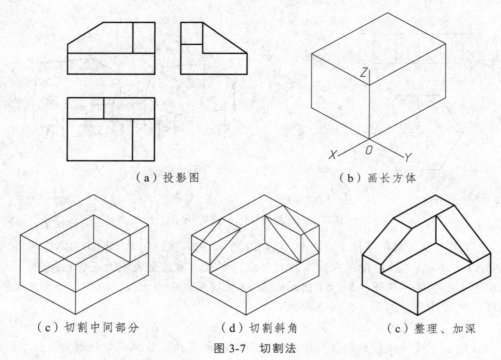

（a）投影图　　　　　　　　　　　（b）画长方体

（c）切割中间部分　　　（d）切割斜角　　　（c）整理、加深

图 3-7　切割法

（5）形体分析法。

如图 3-8（a）所示，该物体用形体分析法可看作由底板、竖板组成。底板是长方体形状切掉了左前角，竖板也是长方体形状，在正中间部分开了一个槽，因此可采用形体组合法作图，作图步骤如图 3-8 所示。

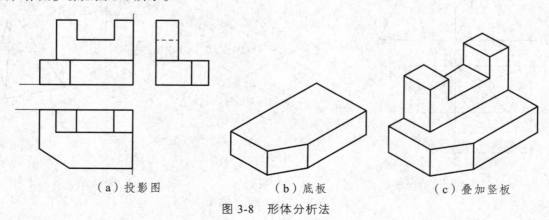

（a）投影图　　　　　　（b）底板　　　　　　（c）叠加竖板

图 3-8　形体分析法

4. 正等测图的作图方法

从上述作图过程中，可以总结出以下两点：

（1）画平面立体的轴测图时，首先应选好坐标轴并画出轴测轴；然后根据坐标确定各顶点的位置；最后依次连线，完成整体的轴测图。具体画图时，应分析平面立体的形体特征，一般总是先画出物体上一个主要表面的轴测图：通常是先画顶面，再画底面；有时需要先画前面，再画后面；或者先画左面，再画右面。

（2）为使图形清晰，轴测图中一般只画可见的轮廓线，避免用虚线表达。

5. 回转体的正等轴测图画法

（1）平行于坐标面的圆的正等轴测图。

平行于坐标面的圆的正等测图都是椭圆，除了长短轴的方向不同外，画法都是一样的，如图 3-9 所示为三种不同位置的圆的正等测图。

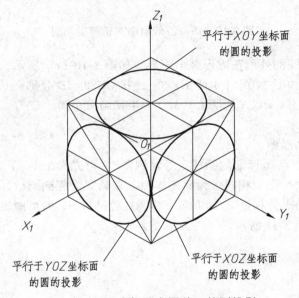

图 3-9　不同坐标面上圆的正等测投影

通过分析，还可以看出，椭圆的长短轴和轴测轴有关，即：

① 圆所在平面平行 XOY 面时，它的轴测投影 —— 椭圆的长轴垂直 O_1Z_1 轴，即成水平位置，短轴平行 O_1Z_1 轴；

② 圆所在平面平行 XOZ 面时，它的轴测投影 —— 椭圆的长轴垂直 O_1Y_1 轴，即向右方倾斜，并与水平线成 60°角，短轴平行 O_1Y_1 轴；

③ 圆所在平面平行 YOZ 面时，它的轴测投影 —— 椭圆的长轴垂直 O_1X_1 轴，即向左方倾斜，并与水平线成 60°角，短轴平行 O_1X_1 轴。

（2）用"四心法"作圆的正等测图。

"四心法"画椭圆就是用四段圆弧代替椭圆。下面以平行于 H 面（即 XOY 坐标面）的圆为例，说明圆的正等测图的画法，如图 3-10 所示。

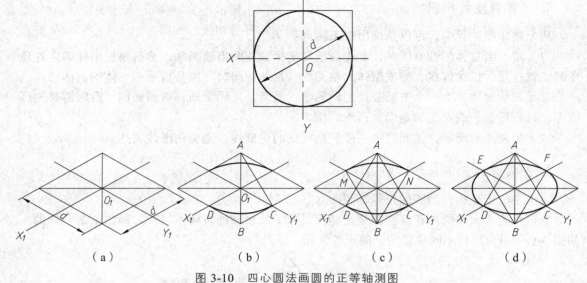

图 3-10　四心圆法画圆的正等轴测图

　　① 画轴测轴，按圆的外切正方形画出菱形，如图 3-10（a）所示；② 以 A、B 为圆心，AC 为半径画两大弧，如图 3-10（b）所示；③ 连接 AC 和 AD 分别交长轴于 M、N 两点，如图 3-10（c）所示；④ 以 M、N 为圆心，MD 为半径画两小弧，在 C、D、E、F 处与大弧连接，如图 3-10（d）所示。

　　（3）圆柱的正等轴测图。

　　画底面平行于 XOY 各坐标面的圆柱正等轴测图时，可先做出上、下底圆的轴测投影椭圆，由于上、下底两椭圆大小完全相同，为简便作图，在画完上底椭圆后，用移心法将上底椭圆的四段圆弧的圆心、切点分别沿 Z_1 轴方向下移圆柱的高度 h，即可画出下底椭圆，最后做两柄圆的外公切线，如图 3-11 所示。

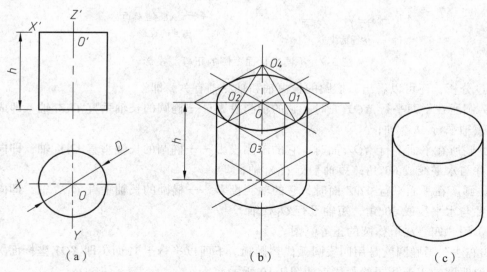

图 3-11　圆柱的正等轴测图

① 在圆柱视图上设置直角坐标系，如图 3-11（a）所示；② 用四心圆法画出顶面椭圆，然后用移心法做出底面椭圆，最后做上、下两椭圆的外公切线，如图 3-11（b）所示；③ 擦去多余图线，加深图线，完成作图，如图 3-11（c）所示。

（4）圆锥台的正等轴测图。

画底面平行于 XOY 坐标面的圆锥台的正等轴测图，可先画出左、右两底圆的轴测投影，然后再作两椭圆的外公切线，如图 3-12 所示。

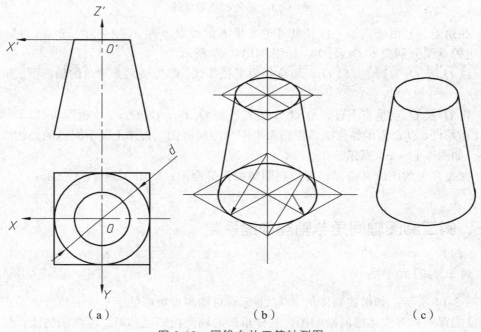

图 3-12　圆锥台的正等轴测图

① 在圆锥台视图上设置直角坐标系，如图 3-12（a）所示；② 用四心圆法画出顶面和底面椭圆，然后作上、下两圆的外公切线，如图 3-12（b）所示；③ 擦去多余图线，加深图线，完成作图，如图 3-12（c）所示。

（5）圆角的正等测图。

长方形底板常存在由 1/4 圆柱面形成的圆角。画圆角的正等轴测图步骤如图 3-13 所示。

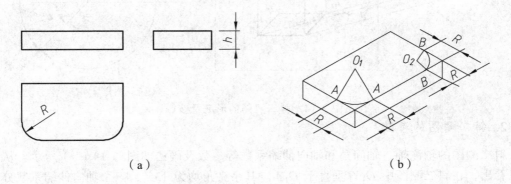

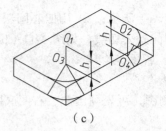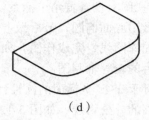

图 3-13 圆角的正等测图

① 在角上分别沿轴向取一段长度等于半径 R 的线段，得 A、A 和 B、B 点，过 A、B 点作相应边的垂线分别交于 O_1 及 O_2，如图 3-13（a）所示。

② 以 O_1 及 O_2 为圆心，以 O_1A 及 O_2B 为半径作弧，即为顶面上圆角的轴测图，如图 3-13（b）所示。

③ 将 O_1 及 O_2 点垂直下移，取 O_3、O_4 点，使 $O_1O_3 = O_2O_4 = h$（板厚）；以 O_3 及 O_4 为圆心，以 O_1A 及 O_2B 为半径作弧，作底面上圆角的轴测图，再作上、下圆弧的公切线，即完成作图，如图 3-13（c）所示。

④ 擦去多余的图线并描深，即得到圆角的正等测图，如图 3-13（d）所示。

三、斜二测图轴间角与轴向伸缩系数

1. 斜二测图的形成

如图 3-14 所示，如果使物体的 XOZ 坐标面对轴测投影面处于平行的位置，采用平行斜投影法也能得到具有立体感的轴测图，这样得到的轴测投影就是斜二等测轴测图，简称斜二测图。

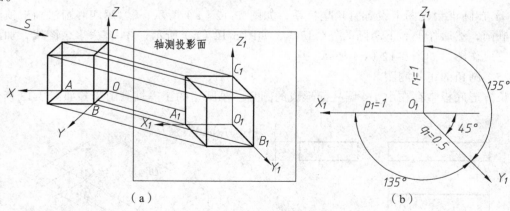

图 3-14 斜二测图的形成及参数

2. 斜二测图的参数

斜二测图的轴测轴、轴间角和轴向伸缩系数等参数及画法如图 3-14（b）所示。从图中可以看出，在斜二测图中 O_1X_1 垂直于 O_1Z_1。其余夹角均为 135°，三个轴向伸缩系数分别为 $p_1 = r_1 = 2q_1$。

3. 斜二轴轴测图的画法

例1：四棱台的斜二测图。

作图方法与步骤如图 3-15 所示。

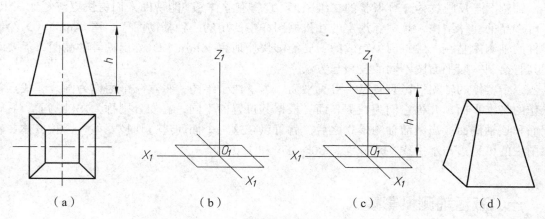

（a）　　　　　（b）　　　　　（c）　　　　　（d）

图 3-15　斜二测图的形成及参数

① 四棱台视图如图 3-15（a）所示；② 绘制四棱台底面斜二测图，如图 3-15（b）所示；③ 绘制四棱台顶面斜二测图，如图 3-15（c）所示；④ 连接上下表面，擦去多余图线，加粗图线，完成作图，如图 3-15（d）所示。

例2：圆台的斜二测图。

作图方法与步骤如图 3-16 所示。

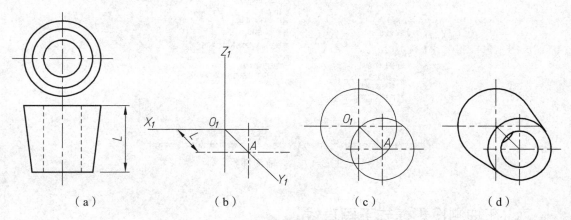

（a）　　　　　（b）　　　　　（c）　　　　　（d）

图 3-16　正四棱台的斜二测图

① 圆台的视图如图 3-16（a）所示；② 绘制前后表面圆心，如图 3-16（b）所示；③ 绘制前后表面外圆，如图 3-16（c）所示；④ 绘制前后表面外圆内圆，连接外公切线，擦去多余图线，加粗图线，完成作图，如图 3-16（d）所示。

只有平行于 XOZ 坐标面的圆的斜二测投影才反映实形，仍然是圆。而平行于 XOY 坐标面和平行于 YOZ 坐标面的圆的斜二测投影都是椭圆，其画法比较复杂，这里不作讨论。

第二部分 AutoCAD 中轴测图的画法与标注

　　轴测图是反映物体三维形状的二维图形，它富有立体感，能帮助人们更快更清楚地认识、了解产品的立体结构，是国标规定的在机械图样中使用的一种辅助图样。用 AutoCAD 绘制零件的轴测图是在二维平面中完成的；要能够快捷地用 AutoCAD 绘出正等轴测图，需要掌握其与绘制一般平面图不同的技巧与方法。

　　一个实体的轴测投影只有三个可见平面，为了便于绘图，将这三个面作为画线、找点等操作的基准平面，并称它们为轴测平面。根据其位置的不同，它们分别称为左轴测面、右轴测面和顶轴测面。当激活轴测模式之后，就可以在这三个面间进行切换。如一个长方体在轴测图中的可见边与水平线夹角分别是 30°、90° 和 120°。

一、激活轴测投影模式

　　通过工具→草图设置→捕捉和栅格→捕捉类型→等轴测捕捉→确定激活，如图 3-17 所示。

图 3-17　等轴测捕捉

二、在轴测投影模式下画直线

1. 输入坐标点的画法

直线与 X 轴平行的线，极坐标角度应输入 30°，如@50<30。
直线与 Y 轴平行的线，极坐标角度应输入 150°，如@50<150。
直线与 Z 轴平行的线，极坐标角度应输入 90°，如@50<90。
直线不与轴测轴平行的线，则必须先找出直线上的两个点，然后连线。

118

2. 打开正交状态进行画线

等轴面的切换方法：通过 F5 或 Ctrl+E 依次切换上、右、左三个面。

三、定位轴测图中的实体

要在轴测图中定位其他已知图元，必须打开自动追踪中的角度增量并设定角度为 30°，这样才能从已知对象开始沿 30°、90°或 150°方向追踪，如图 3-18 所示。

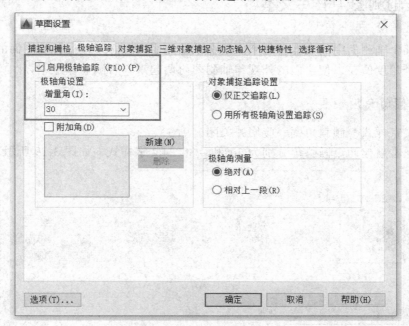

图 3-18　启用极轴追踪

四、轴测面内画平行线

轴测面内绘制平行线，不能直接用 Offset 命令进行，因为 Offset 中的偏移距离是两线之间的垂直距离，而沿 30°方向之间的距离却不等于垂直距离。

为了避免操作出错，在轴测面内画平行线，一般采用复制 Copy 命令或 Offset 中的"T"选项；也可以结合自动捕捉、自动追踪及正交状态来作图，这样可以保证所画直线与轴测轴的方向一致。

五、轴测圆的轴测投影

圆的轴测投影是椭圆，当圆位于不同的轴测面时，投影椭圆长、短轴的位置是不同的。

操作方法：激活轴测→选定画圆投影面→椭圆工具→等轴测圆：i→指定圆心→指定半径→确定完成。

注意：绘圆之前一定要利用面转换工具，切换到与圆所在的平面对应的轴测面，这样才能使椭圆看起来像是在轴测面内。

在轴测图中经常要画线与线间的圆滑过渡，如倒圆角，此时过渡圆弧也变为椭圆弧。方法是：在相应的位置上画一个完整的椭圆，然后使用修剪工具剪除多余的线段。

六、在轴测图中书写文本

为了使某个轴测面中的文本看起来像是在该轴测面内，必须根据各轴测面的位置特点将文字倾斜某个角度值，以使它们的外观与轴测图协调起来，否则立体感不强。

1. 文字倾斜角度设置

格式→文字样式→倾斜角度→应用并关闭。

注意：通常新建两个倾斜角分别为30°和 – 30°的文字样式，如图 3-19 所示。

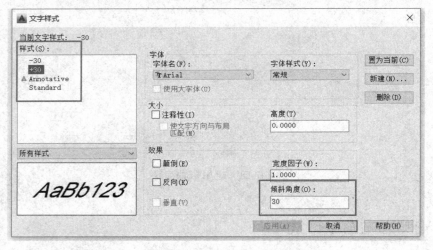

图 3-19　轴测图文字新建

2. 轴测面上各文本的倾斜规律

（1）在左轴测面上，文本需采用 – 30°的倾斜角，同时旋转 – 30°角。

（2）在右轴测面上，文本需采用 30°的倾斜角，同时旋转 30°角。

（3）在顶轴测面上，平行于 X 轴时，文本需采用 – 30°的倾斜角，旋转角为 30°；平行于 Y 轴时，需采用 30°的倾斜角，旋转角为 – 30°。

注意：文字的倾斜角与文字的旋转角是两个不同的概念，前者为水平方向左倾（ – 90° ~ 0°）或右倾（0° ~ 90°）的角度，后者是以文字起点为原点进行 0° ~ 360°间的旋转，也就是在文字所在的轴测面内旋转。

七、标注尺寸

为了让某个轴测面内的尺寸标注看起来像是在这个轴测面中，就需要将尺寸线、尺寸界线倾斜某一个角度，以使它们与相应的轴测平行。同时，标注文本也必须设置成倾斜某一角度的形式，才能使用文本的外观具有立体感。倾斜标注可在如图 3-20 所示的标注菜单中调用倾斜命令来实现。

图 3-20　标注的倾斜命令

【检查题】

1. 什么叫作轴测图？国家标准中轴测图有几大类型？

_____

_____

2. 轴测图有哪些基本性质？

_____

_____

3. 绘制轴测图需要哪些参数？

_____

4. 正等轴测图与斜二测轴测图有什么区别？

5. 绘制轴测图有哪些需要注意的地方？

6. AutoCAD 中绘制正等轴测图的捕捉方式是什么？

7. AutoCAD 中什么叫作极轴捕捉？

8. 在 AutoCAD 中如何使标注的尺寸与轴测图显示合理？

任务一
抄画轴测图

（1）利用尺规绘制正等轴测图形，并进行尺寸标注；
（2）在 AutoCAD 中绘制正等轴测图并进行尺寸标注；
（3）选择其中一例尝试徒手绘制正等轴测图。
轴测图见图 3-21 和图 3-22。

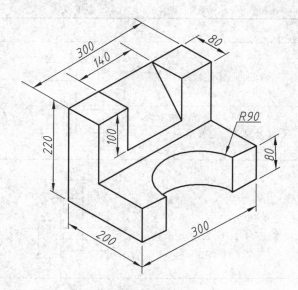

图 3-21　轴测图 1

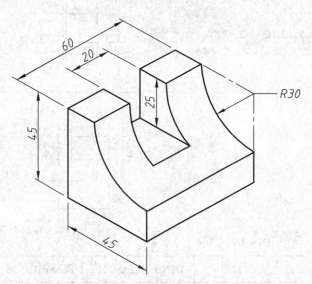

图 3-22　轴测图 2

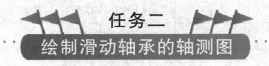

（1）认识图 3-23 所示的轴承零件图，了解什么叫作滑动轴承；

（2）按尺寸利用 AutoCAD 软件绘制正等轴测图及斜二轴测图；

（3）尝试任选一定比例按尺寸手工绘制斜二轴测图。

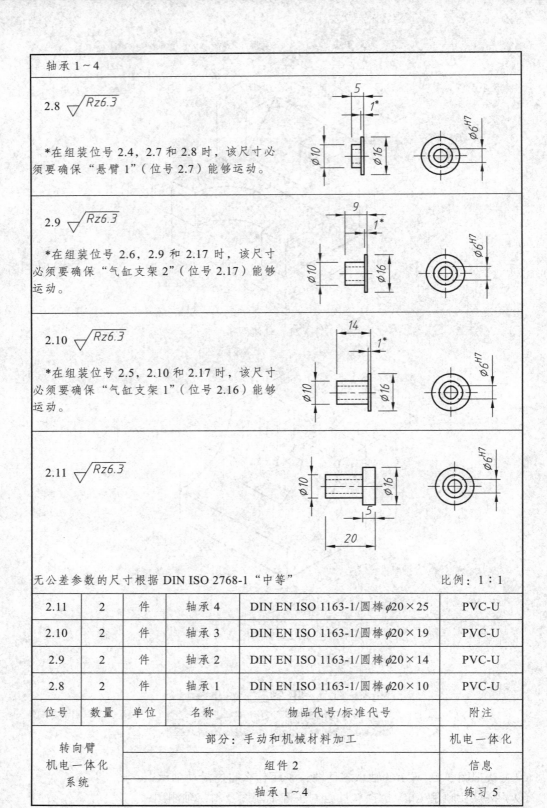

<table>
<tr><td>轴承 1~4</td></tr>
</table>

2.8 $\sqrt{Rz6.3}$

*在组装位号 2.4，2.7 和 2.8 时，该尺寸必须要确保"悬臂 1"（位号 2.7）能够运动。

2.9 $\sqrt{Rz6.3}$

*在组装位号 2.6，2.9 和 2.17 时，该尺寸必须要确保"气缸支架 2"（位号 2.17）能够运动。

2.10 $\sqrt{Rz6.3}$

*在组装位号 2.5，2.10 和 2.17 时，该尺寸必须要确保"气缸支架 1"（位号 2.16）能够运动。

2.11 $\sqrt{Rz6.3}$

无公差参数的尺寸根据 DIN ISO 2768-1 "中等"   比例：1 : 1

2.11	2	件	轴承 4	DIN EN ISO 1163-1/圆棒 $\phi 20 \times 25$	PVC-U
2.10	2	件	轴承 3	DIN EN ISO 1163-1/圆棒 $\phi 20 \times 19$	PVC-U
2.9	2	件	轴承 2	DIN EN ISO 1163-1/圆棒 $\phi 20 \times 14$	PVC-U
2.8	2	件	轴承 1	DIN EN ISO 1163-1/圆棒 $\phi 20 \times 10$	PVC-U
位号	数量	单位	名称	物品代号/标准代号	附注
转向臂 机电一体化 系统	部分：手动和机械材料加工				机电一体化
	组件 2				信息
	轴承 1~4				练习 5

图 3-23　滑动轴承

任务三

绘制轴承支座的轴测图

（1）识读图 3-24 所示的轴承支座的零件图；

（2）按尺寸利用 AutoCAD 软件绘制正等轴测图；

（3）创建轴承座实体模型。

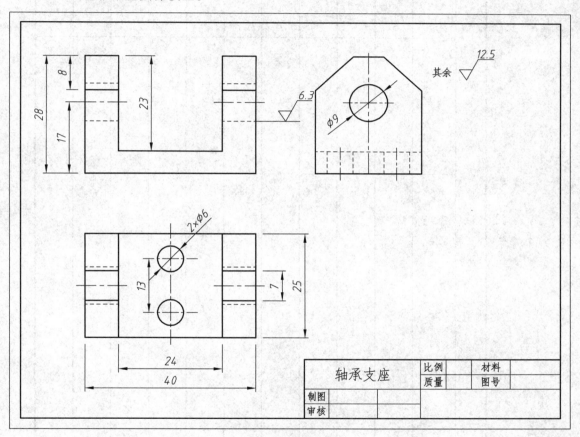

图 3-24　轴承支座

表 3-1 工作计划

任务：轴测图的绘制

序号	工作内容	准备清单 零件/测量工具/绘图工具	工作安全	工作时间 计划	工作时间 实际

考核评分

表 3-2 考核评分

情景三：轴测图的绘制

组织形式：个人工作□ 小组协同工作□

序号	评分点	工作评价		权重	结果评价			
		工作要求			个人评价	小组评价	教师评价	最终评价分数
1	手绘轴测图	棱线平行，立体感强		0.2				
2	徒手绘制轴测图	完成绘制轴测图的小视频制作		0.2				
3	AutoCAD 图纸	绘制方法选择正确，绘制后效果良好		0.2				
4	尺寸标注	标注规范，箭头符号规范		0.2				
5	幅面	整洁、表达清晰		0.2				
6								
7								
8								
综合评价得分		（转化为百分制）						
班级						小组		

备注：个人评价分数分 0、2、4、6、8、10，按与工作实际要求的符合性评分。
小组评价分数分 0、2、4、6、8、10，按组内与工作实际要求的符合程度的符合性排序得分。
教师评价分数按个人评价分数与小组评价分数参考以上三者情况，根据权重评价。
上为 0 分。最终评价分数参考以上三者情况，根据权重评价。
个人评价分数参考个人评价分数 0.5、10 评分，两个成绩相一致为 10 分，相差一级为 5 分，相差两级及以

典型零件图的识读

本项目通过对常见典型零件图的识读，了解轴类零件、套类零件、箱体类零件和叉架类零件的不同表达方案（见图 4-1），以手工绘制与AutoCAD绘制的方式学习典型零件图绘制的一般方法，以达到能识读中等难度零件图的目的。

（a）轴类零件

（b）盘类零件

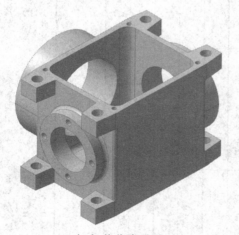

（c）箱体类零件

（d）叉架类零件

图 4-1　典型零件

知识目标

（1）了解常用机械图样的作用和内容；

（2）掌握基本视图、向视图、局部视图、斜视图、剖视图和断面图的用途和画法；

（3）了解局部放大图、简化画法和其他规定画法；

（4）了解零件图的表达方案；

（5）掌握零件图的读图方法和读图步骤。

能力目标▽

（1）能根据零件的不同特点选择合理的表达方案，绘制零件图；

（2）能理解零件图的尺寸标注、公差要求和技术要求；

（3）能利用 AutoCAD 软件进行简单零件图的绘制；

（4）能根据零件特征利用 AutoCAD 软件进行零件建模。

任务布置▽

分类识读典型零件图

（1）分析归纳工程中常用典型零件的特点；

（2）分类识读典型零件图，简述各类零件的表达方案；

（3）识读零件图中的尺寸要求、公差要求和技术要求；

（4）根据典型零件特点进行 AutoCAD 建模。

知识链接▽

第一部分 视图的基本知识

国家标准 GB/T 17451—1998 和 GB/T 4458.1—2002 规定了视图。视图主要用来表达机件的外部结构形状。视图分为基本视图、向视图、局部视图和斜视图。

一、基本视图

当机件的外部结构形状在各个方向（上下、左右、前后）都不相同时，三视图往往不能清晰地把它表达出来。因此，必须加上更多的投影面，以得到更多的视图。

1. 概　念

为了清晰地表达机件六个方向的形状，可以在原来所提到的三投影面的基础上，再增加三个基本投影面。这六个基本投影面组成了一个方箱，把机件围在当中，如图 4-2（a）所示。

机件在每个基本投影面上的投影，都称为基本视图。图 4-2（b）表示机件投影到六个投影面上后，投影面展开的方法。展开后，六个基本视图的配置关系和视图名称见图 4-2（c）。按图 4-2（b）所示位置在一张图纸内的基本视图，一律不注视图名称。

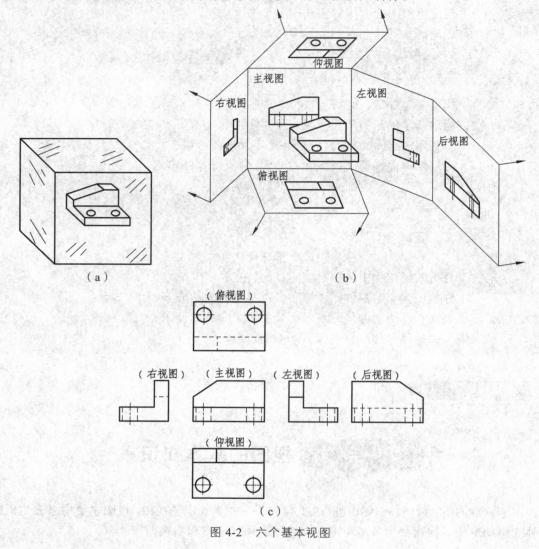

图 4-2　六个基本视图

2. 投影规律

六个基本视图之间，仍然保持着与三视图相同的投影规律，即：

主、俯、仰、后：长对正；

主、左、右、后：高平齐；

俯、左、仰、右：宽相等。

此外，除后视图以外，各视图的里边（靠近主视图的一边），均表示机件的后面；各视图的外边（远离主视图的一边），均表示机件的前面，即"里后外前"。

强调：虽然机件可以用六个基本视图来表示，但实际上画哪几个视图，要视具体情况而定。

二、向视图

有时为了便于合理地布置基本视图，可以采用向视图。向视图是可自由配置的视图，它的标注方法为：在向视图的上方注写 X 为大写的英文字母，在相应视图的附近用箭头指明投影方向，并注写相同的字母，如图 4-3 所示。

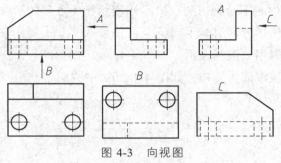

图 4-3　向视图

三、局部视图

当采用一定数量的基本视图后，机件上仍有部分结构形状尚未表达清楚，而又没有必要再画出完整的其他基本视图时，可采用局部视图来表达。

1. 概　念

只将机件的某一部分向基本投影面投射所得到的图形，称为局部视图。局部视图是不完整的基本视图，利用局部视图可以减少基本视图的数量，使表达简洁、重点突出。例如，图 4-4（a）所示的工件，画出了主视图和俯视图，已将工件基本部分的形状表达清楚，只有左、右两侧凸台和左侧肋板的厚度尚未表达清楚，此时便可像图中的 A 向和 B 向那样，只画出需要表达的部分作为局部视图，如图 4-4（b）所示。这样重点突出、简单明了，有利于画图和看图。

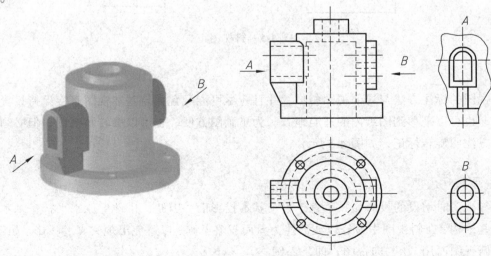

图 4-4　局部视图

2. 画局部视图时注意事项

（1）在相应的视图上用带字母的箭头指明所表示的投影部位和投影方向，并在局部视图上方用相同的字母标明。

（2）局部视图最好画在有关视图的附近，并直接保持投影联系；也可以画在图纸内的其他地方，如图4-4（b）中右下角画出的"B"。当表示投影方向的箭头标在不同的视图上时，同一部位的局部视图的图形方向可能不同。

（3）局部视图的范围用波浪线表示，如图4-4（a）中"A"。所表示的图形结构完整，且外轮廓线又封闭时，则波浪线可省略，如图4-4（b）中"B"。

四、斜视图

1. 概　念

将机件向不平行于任何基本投影面的投影面进行投影，所得到的视图称为斜视图。斜视图适合于表达机件上的斜表面的实形。例如，图4-5所示是一个弯板形机件，它的倾斜部分在俯视图和左视图上的投影都不是实形。此时就可以另外加一个平行于该倾斜部分的投影面，在该投影面上则可以画出倾斜部分的实形投影，如图4-5中的"A"向所示。

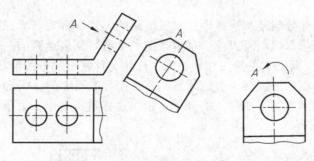

图4-5　斜视图

2. 标　注

斜视图的标注方法与局部视图相似，并且应尽可能配置在与基本视图直接保持投影联系的位置，也可以平移到图纸内的适当地方。为了画图方便，也可以旋转斜视图，但必须在斜视图上方注明旋转标记，如图4-5所示。

3. 注　意

画斜视图时增设的投影面只垂直于一个基本投影面。因此，机件上原来平行于基本投影面的一些结构，在斜视图中最好以波浪线为界而省略不画，以避免出现失真的投影。如图4-5中不用俯视图而用"A"向视图，即是一例。

第二部分 剖视图的基本知识

一、剖视图的形成与画法

（一）剖视图的形成

1. 概　念

假想用一剖切平面剖开机件，然后将处在观察者和剖切平面之间的部分移去，而将其余部分向投影面投影所得的图形，称为剖视图（简称剖视）。

2. 举　例

例如，图4-6（a）所示的机件，在主视图中，用虚线表达其内部结构，不够清晰。按照图4-6（b）所示的方法，假想沿机件前后对称平面把它剖开，拿走剖切平面前面的部分后，将后面部分再向正投影面投影。这样，就得到了一个剖视的主视图。图4-6（c）表示机件剖视图的画法。

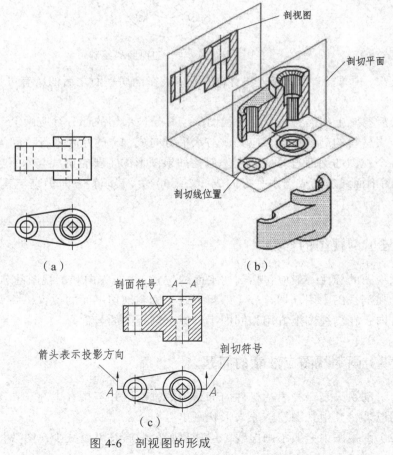

图 4-6　剖视图的形成

（二）剖视图的画法

画剖视图时，首先要选择适当的剖切位置，使剖切平面尽量通过较多的内部结构（孔、槽等）的轴线或对称平面，并平行于选定的投影面。例如，在图 4-7 中，以机件的前后对称平面为剖切平面。

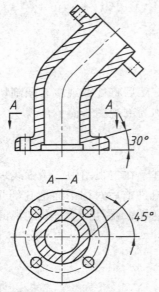

图 4-7　剖视图的绘制

其次，内外轮廓要画齐。机件剖开后，处在剖切平面之后的所有可见轮廓线都应画齐，不得遗漏。

最后要画上剖面符号。在剖视图中，凡是被剖切的部分都应画上剖面符号。

金属材料的剖面符号，应画成与水平方向成 45°的互相平行、间隔均匀的细实线。同一机件各个视图的剖面符号应相同。但是如果图形的主要轮廓线与水平方向成 45°或接近 45°时，该图剖面线应画成与水平方向成 30°或 60°角，其倾斜方向仍应与其他视图的剖面线一致，如图 4-7 所示。

（三）剖视图的标注

剖视图的标注一般应包括剖切平面的位置、投影方向和剖视图的名称。标注方法如图 4-6 所示。在剖视图中用剖切符号（即粗短线）标明剖切平面的位置，并写上字母；用箭头指明投影方向；在剖视图上方用相同的字母标出剖视图的名称。

（四）画剖视图应注意的问题

（1）剖视只是一种表达机件内部结构的方法，并不是真正剖开和拿走一部分。因此，除剖视图以外，其他视图要按原来形状画出。

（2）剖视图中一般不画虚线，但如果画少量虚线可以减少视图数量，而又不影响剖视图的清晰时，也可以画出这种虚线。

（3）机件剖开后，凡是看得见的轮廓线都应画出，不能遗漏。要仔细分析剖切平面后面的结构形状，分析有关视图的投影特点，以免画错。如图 4-8 所示是剖面形状相同，但剖切平面后面的结构不同的三块底板的剖视图示例。要注意区别它们不同之点在什么地方。

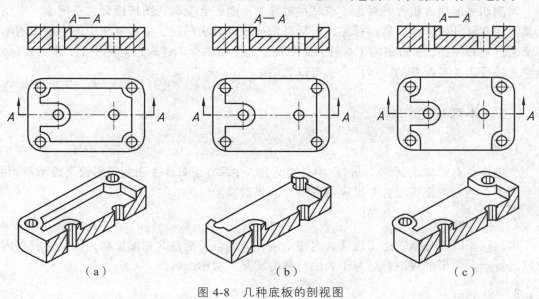

（a）　　　　　　　（b）　　　　　　　（c）

图 4-8　几种底板的剖视图

二、剖视图的种类

（一）全剖视图

1. 概　念

用剖切平面，将机件全部剖开后进行投影所得到的剖视图，称为全剖视图（简称全剖）。例如，图 4-9 中的主视图和左视图均为全剖视图。

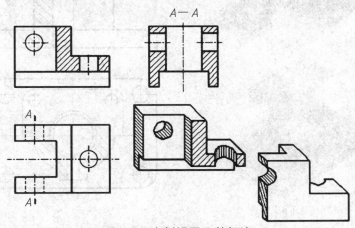

图 4-9　全剖视图及其标注

2. 应　用

全剖视图一般用于表达外部形状比较简单，内部结构比较复杂的机件。

3. 标　注

当剖切平面通过机件的对称（或基本对称）平面，且全剖视图按投影关系配置，中间又无其他视图隔开时，可以省略标注，否则必须按规定方法标注。如图 4-9 中的主视图的剖切平面通过对称平面，所以省略了标注；而左视图的剖切平面不是通过对称平面，则必须标注，但它是按投影关系配置的，所以箭头可以省略。

（二）半剖视图

1. 概　念

当机件具有对称平面时，以对称中心线为界，在垂直于对称平面的投影面上投影得到的，由半个剖视图和半个视图合并组成的图形称为半剖视图。

2. 应　用

半剖视图既充分地表达了机件的内部结构，又保留了机件的外部形状，因此它具有内外兼顾的特点。但半剖视图只适宜于表达对称的或基本对称的机件。

3. 标　注

半剖视图的标注方法与全剖视图相同。例如，图 4-10（a）所示的机件为前后对称，图 4-10（b）中主视图所采用的剖切平面通过机件的前后对称平面，所以不需要标注；而俯视图所采用的剖切平面并非通过机件的对称平面，所以必须标出剖切位置和名称，但箭头可以省略。

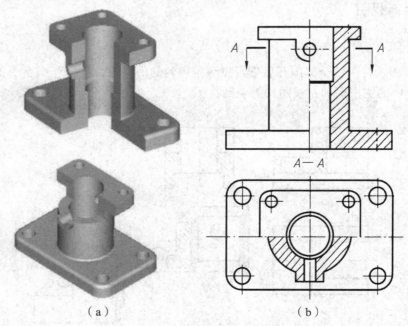

（a）　　　　　　　　　　　（b）

图 4-10　半剖视图及其标注

注意事项：

（1）具有对称平面的机件，在垂直于对称平面的投影面上，才宜采用半剖视图。如机件的形状接近于对称，而不对称部分已另有视图表达时，也可以采用半剖视图。

（2）半剖视图和半个视图必须以细点画线为界。如果作为分界线的细点画线刚好和轮廓线重合，则应避免使用。如图4-11所示的主视图，尽管图的内外形状都对称，似乎可以采用半剖视。但采用半剖视图后，其分界线恰好和内轮廓线相重合，不满足分界线是细点画线的要求，所以不采用半剖视图表达，而宜采取局部剖视图表达，并用波浪线将内、外形状分开。

（3）半剖视图中的内部轮廓在半个视图中不必再用虚线表示。

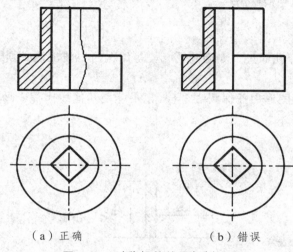

（a）正确　　　　　　　　（b）错误

图 4-11　对称机件的局部剖视图

（三）局部剖视图

1. 概　念

将机件局部剖开后进行投影得到的剖视图称为局部剖视图。局部剖视图也是在同一视图上同时表达内外形状的方法，并且用波浪线作为剖视图与视图的界线。图4-12所示的主视图和左视图，均采用了局部剖视图。

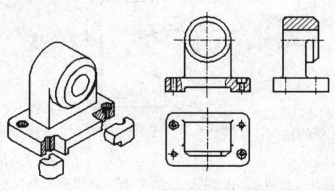

图 4-12　局部剖视图

2. 应 用

从以上几例可知，局部剖视图是一种比较灵活的表达方法，剖切范围根据实际需要决定。但使用时要考虑到看图方便，剖切不要过于零碎。它常用于下列两种情况：

（1）机件只有局部内形要表达，而又不必或不宜采用全剖视图时；

（2）不对称机件需要同时表达其内、外形状时，宜采用局部剖视图。

3. 波浪线的画法

表示视图与剖视范围的波浪线，可看作机件断裂痕迹的投影，波浪线的画法应注意以下几点：

（1）波浪线不能超出图形轮廓线，如图 4-13（a）所示。

（2）波浪线不能穿孔而过，如遇到孔、槽等结构时，波浪线必须断开，如图 4-13（a）所示。

（3）波浪线不能与图形中任何图线重合，也不能用其他线代替或画在其他线的延长线上，如图 4-13（b）、（c）所示。

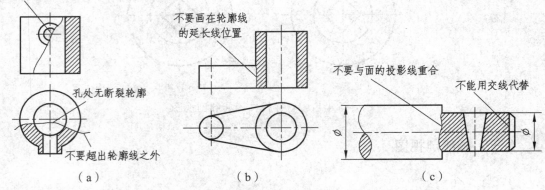

图 4-13　局部剖视图中波浪线的画法

（4）当被剖切部位的局部结构为回转体时，允许将该结构的中心线作为局部剖视图与视图的分界线，如图 4-14 所示。

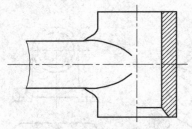

图 4-14　拉杆局部剖视图

4. 标 注

局部剖视图的标注方法和全剖视相同。但如果局部剖视图的剖切位置非常明显，则可以不标注。

三、剖切平面的种类

剖视图是假想将机件剖开而得到的视图，因为机件内部形状的多样性，剖开机件的方法也不尽相同。国家标准《机械制图》规定的剖切平面有：单一剖切平面、几个互相平行的剖切平面、两个相交的剖切平面、不平行于任何基本投影面的剖切平面、组合的剖切平面等。

（一）单一剖切平面

用一个剖切平面剖开机件的方法称为单一剖，所画出的剖视图，称为单一剖视图。单一剖切平面一般为平行于基本投影面的剖切平面。前面介绍的全剖视图、半剖视图、局部剖视图均是用单一剖切平面剖切而得到的，可见，这种方法应用最多。

（二）几个互相平行的剖切平面

1. 概　念

用两个或多个互相平行的剖切平面把机件剖开的方法，称为阶梯剖，所画出的剖视图，称为阶梯剖视图。它适用于表达机件内部结构的中心线排列在两个或多个互相平行的平面内的情况。

2. 举　例

例如，图 4-15（a）所示的机件，内部结构（小孔和沉孔）的中心位于两个平行的平面内，不能用单一剖切平面剖开，而是采用两个互相平行的剖切平面将其剖开，主视图即为采用阶梯剖方法得到的全剖视图，如图 4-15（c）所示。

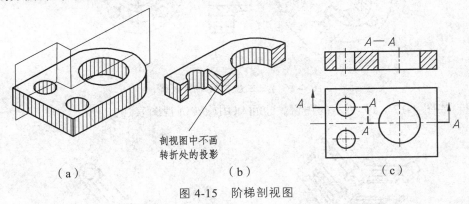

剖视图中不画
转折处的投影

（a）　　　　　　　　（b）　　　　　　　　（c）

图 4-15　阶梯剖视图

3. 画阶梯剖视时应注意的事项

（1）为了表达孔、槽等内部结构的实形，几个剖切平面应同时平行于同一个基本投影面。

（2）两个剖切平面的转折处，不能划分界线，如图 4-15（b）所示。因此，要选择一个恰当的位置，使之在剖视图上不致出现孔、槽等结构的不完整投影。当它们在剖视图上有共同的对称中心线和轴线时，也可以各画一半，这时细点画线就是分界线。

（3）阶梯剖视必须标注，标注方法如图 4-15（c）所示。在剖切平面迹线的起始、转折

139

和终止的地方，用剖切符号（即粗短线）表示它的位置，并写上相同的字母；在剖切符号两端用箭头表示投影方向（如果剖视图按投影关系配置，中间又无其他图形隔开时，可省略箭头）；在剖视图上方用相同的字母标出名称"X—X"。

（三）两个相交的剖切平面

1. 概　念

用两个相交的剖切平面（交线垂直于某一基本投影面）剖开机件的方法称为旋转剖，所画出的剖视图，称为旋转剖视图。

2. 举　例

如图 4-16（a）所示的法兰盘，它中间的大圆孔和均匀分布在四周的小圆孔都需要剖开表示，如果用相交于法兰盘轴线的侧平面和正垂面去剖切，并将位于正垂面上的剖切面绕轴线旋转到和侧面平行的位置，这样画出的剖视图就是旋转剖视图。可见，旋转剖适用于有回转轴线的机件，而轴线恰好是两剖切平面的交线，并且两剖切平面一个为投影面平行面，另一个为投影面垂直面，如图 4-16（b）为法兰盘用旋转剖视表示的例子。

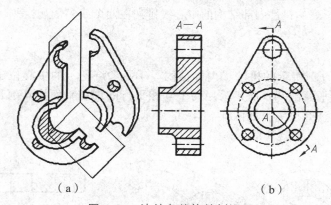

（a）　　　　　　　　　　　（b）

图 4-16　法兰盘的旋转剖视图

同理，如图 4-17（a）所示的摇臂，也可以用旋转剖视图表达。

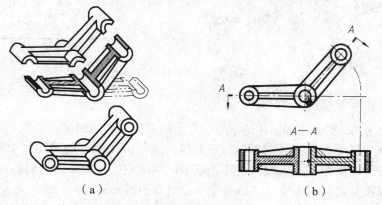

（a）　　　　　　　　　　　（b）

图 4-17　摇臂的旋转剖视图

3．画旋转剖视图时应注意的事项

（1）倾斜的平面必须旋转到与选定的基本投影面平行，以使投影能够表达实形。但剖切平面后面的结构，一般应按原来的位置画出它的投影，如图4-17（b）所示。

（2）旋转剖视图必须标注，标注方法与阶梯剖视图相同，如图4-17（b）所示。

（四）不平行于任何基本投影面的剖切平面

1．概　念

用不平行于任何基本投影面的剖切平面剖开机件的方法称为斜剖，所画出的剖视图，称为斜剖视图。斜剖视图适用于机件的倾斜部分需要剖开以表达内部实形的时候，并且内部实形的投影是用辅助投影面法求得的。

2．举　例

如图4-18所示的机件，它的基本轴线与底板不垂直。为了清晰地表达弯板的外形和小孔等结构，宜用斜剖视图表达。此时用平行于弯板的剖切面"B—B"剖开机件，然后在辅助投影面上方求出剖切部分的投影即可。

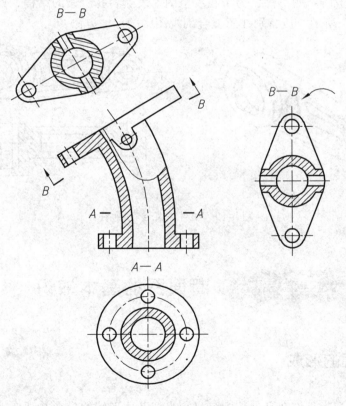

图4-18　机件的斜剖视图

3. 画斜剖视图时应注意的事项

（1）剖视图最好与基本视图保持直接的投影联系，如图 4-18 中的"*B—B*"。必要时（如为了合理布置图幅）可以将斜剖视画到图纸的其他地方，但要保持原来的倾斜度，也可以转平后画出，但必须加注旋转符号。

（2）斜剖视主要用于表达倾斜部分的结构。机件上凡在斜剖视图中失真的投影，一般应避免表示。例如在图 4-18 中，按主视图上箭头方向取视图，就避免了画圆形底板的失真投影。

（3）斜剖视图必须标注，标注方法如图 4-18 所示，箭头表示投影方向。

（五）组合的剖切平面

1. 概　念

当机件的内部结构比较复杂，用阶梯剖或旋转剖仍不能完全表达清楚时，可以采用以上几种剖切平面的组合来剖开机件，这种剖切方法，称为复合剖；所画出的剖视图，称为复合剖视图。

2. 举　例

如图 4-19（a）所示的机件，为了在一个图上表达各孔、槽的结构，便采用了复合剖视图，如图 4-19（b）所示。应特别注意复合剖视图中的标注方法。

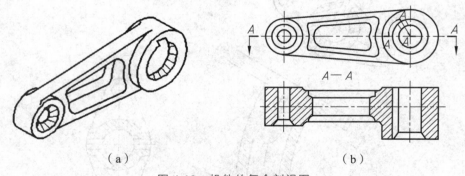

（a）　　　　　　　　　　　　（b）

图 4-19　机件的复合剖视图

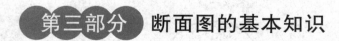

第三部分　断面图的基本知识

一、断面图的形成

假想用剖切平面将机件在某处切断，只画出切断面形状的投影并画上规定的剖切符号的图形，称为断面图，简称为断面，如图 4-20 所示。

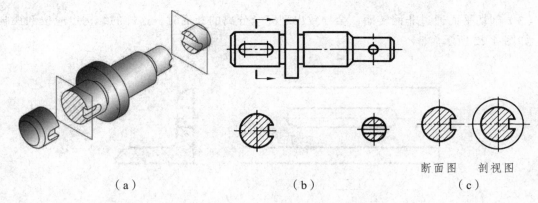

	断面图	剖视图
（a）	（b）	（c）

图 4-20　断面图的画法

断面图与剖视图的区别：断面图仅画出机件断面的图形，而剖视图则要画出剖切平面以后的所有部分的投影，如图 4-20（c）所示。

断面图分为移出断面图和重合断面图两种。

二、移出断面图的画法及标注

（一）移出断面图的画法

1. 概　念

画在视图轮廓之外的断面图称为移出断面图。

2. 举　例

如图 4-20（b）所示的断面图即为移出断面图。

3. 画法要点

（1）移出断面图的轮廓线用粗实线画出，断面上画出剖面符号。移出断面图应尽量配置在剖切平面的延长线上，必要时也可以画在图纸的适当位置。

（2）当剖切平面通过由回转面形成的圆孔、圆锥坑等结构的轴线时，这些结构应按剖视画出，如图 4-21 所示。

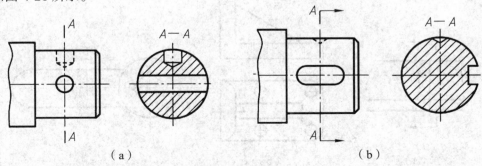

（a）	（b）

图 4-21　通过圆孔等回转面的轴线时断面图的画法

143

（3）剖切平面通过非回转面，会导致出现完全分离的断面时，这样的结构也应按剖视画出，如图 4-22 所示。

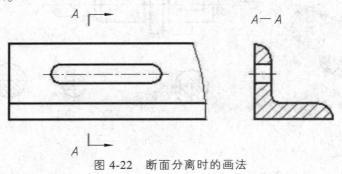

图 4-22　断面分离时的画法

（二）移出断面图的标注

（1）当移出断面不画在剖切位置的延长线上时，如果该移出断面为不对称图形，必须标注剖切符号与带字母的箭头，以表示剖切位置与投影方向，并在断面图上方标出相应的名称。如果该移出断面为对称图形，因为投影方向不影响断面形状，所以可以省略箭头。

（2）当移出断面按照投影关系配置时，不管该移出断面为对称图形或不对称图形，因为投影方向明显，所以可以省略箭头。

（3）当移出断面画在剖切位置的延长线上时，如果该移出断面为对称图形，只需用细点画线标明剖切位置，可以不标注剖切符号、箭头和字母；如果该移出断面为不对称图形，则必须标注剖切位置和箭头，但可以省略字母。

三、重合断面图的画法及标注

（一）重合断面图的画法

画在视图轮廓之内的断面图称为重合断面图。如图 4-24 所示的断面即为重合断面图。为了使图形清晰，避免与视图中的线条混淆，重合断面图的轮廓线用细实线画出。当重合断面图的轮廓线与视图的轮廓线重合时，仍按视图的轮廓线画出，不应中断，如图 4-23（a）所示。

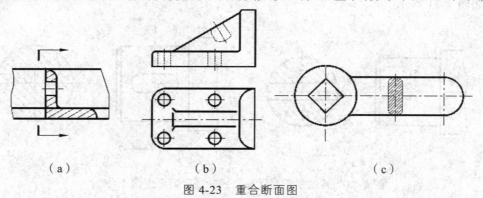

（a）　　　　　　　　　（b）　　　　　　　　　（c）

图 4-23　重合断面图

（二）重合断面图的标注

当重合断面为不对称图形时，需标注其剖切位置和投影方向，如图 4-23（a）所示；当重合 断面为对称图形时，一般不必标注，如图 4-23（b）所示。

第四部分 其他表达方法

一、局部放大图

1. 概　念

机件上某些细小结构在视图中表达得还不够清楚，或不便于标注尺寸时，可将这些部分用大于原图形所采用的比例画出，这种图称为局部放大图，如图 4-24 所示。

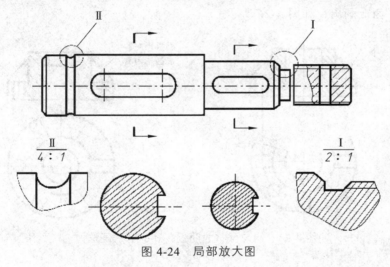

图 4-24　局部放大图

2. 标　注

局部放大图必须标注，标注方法是：在视图上画一细实线圆，标明放大部位，在放大图的上方注明所用的比例，即图形大小与实物大小之比（与原图上的比例无关），如果放大图不止一个，还要用罗马数字编号以示区别。

注意：局部放大图可画成视图、剖视图、断面图，它与被放大部位的表达方法无关。局部放大图应尽量配置在被放大部位的附近。

二、肋板的画法

（1）机件上的肋板、轮辐及薄壁等结构，如纵向剖切，都不画剖面符号，而且用粗实线将它们与其相邻结构分开，如图 4-25 所示。

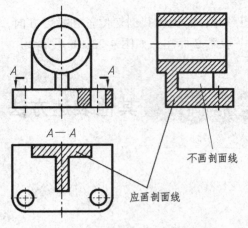

图 4-25 肋板的剖视画法

（2）回转体上均匀分布的肋板、轮辐、孔等结构不处于剖切平面上时，可将这些结构假想旋转到剖切平面上画出，如图 4-26 所示。

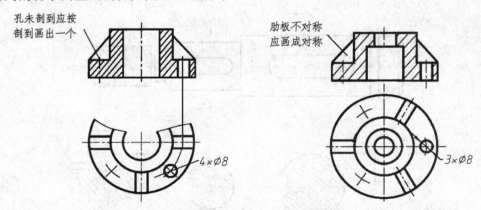

图 4-26 均匀分布的肋板、孔的剖切画法

三、均布孔的画法

当机件上有若干个直径相同的有规律的孔时，可以仅画一个或几个，其余的用细实线连接或画出其中心位置，如图 4-27 所示。

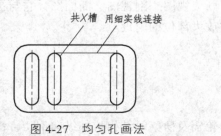

图 4-27 均匀孔画法

四、折断画法

较长机件，可断开缩短绘制，但尺寸按设计要求标注实长，如图 4-28 所示。

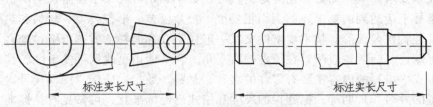

图 4-28　折断画法

五、其他简化画法

当回转体零件上的平面在图形中不能充分表达时，可用两条相交的细实线表示这些平面，如图 4-29 所示。

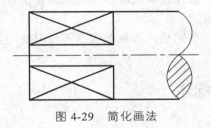

图 4-29　简化画法

第五部分　识读零件图的基本知识

一、零件图的作用

零件图是表示零件结构、大小及技术要求的图样。零件图是制造和检验零件的主要依据，是指导生产的重要技术文件。

二、零件图的内容

零件图是生产中指导制造和检验该零件的主要图样，它不仅要把零件的内、外结构形状和大小表达清楚，还需要对零件的材料、加工、检验、测量提出必要的技术要求。零件图必须包含制造和检验零件的全部技术资料。因此，一张完整的零件图一般应包括以下几项内容：

（1）一组图形用于正确、完整、清晰和简便地表达出零件内、外形状的图形，其中包括机件的各种表达方法，如视图、剖视图、断面图、局部放大图和简化画法等。

（2）完整的尺寸零件图应正确、完整、清晰、合理地注出制造零件所需的全部尺寸。

（3）技术要求。零件图必须用规定的代号、数字、字母和文字注解说明制造和检验零件时在技术指标上应达到的要求，如表面粗糙度、尺寸公差、形位公差、材料和热处理、检验方法以及其他特殊要求等。技术要求的文字一般注写在标题栏上方图纸空白处。

（4）标题栏。标题栏应配置在图框的右下角。它一般由更改区、签字区、其他区、名称及代号区组成。填写的内容主要有零件的名称、材料、数量、比例、图样代号以及设计、审核、批准者的姓名、日期等。标题栏的尺寸和格式已经标准化，可参见有关标准。

三、零件图的视图表达

零件的表达方案选择，首先应考虑看图方便。根据零件的结构特点，选用适当的表示方法。由于零件的结构形状是多种多样的，所以在画图前，应对零件进行结构形状分析，结合零件的工作位置和加工位置，选择最能反映零件形状特征的视图作为主视图，并选好其他视图，以确定一组最佳的表达方案。

选择表达方案的原则是：在完整、清晰地表示零件形状的前提下，力求制图简便。

四、零件图的尺寸标注

零件图的尺寸标注既要保证设计要求，又要满足工艺要求，首先应当正确选择尺寸基准。所谓尺寸基准，就是指零件装配到机器上或在加工测量时，用以确定其位置的一些面、线或点。它可以是零件上对称平面、安装底平面、端面、零件的结合面、主要孔和轴的轴线等。其次应分析重要尺寸。重要尺寸是指零件上对机器的使用性能和装配质量有关的尺寸，这类尺寸应从设计基准直接注出。

尺寸的标注要考虑零件加工、测量和制造的要求：

（1）考虑加工看图方便。

（2）考虑测量方便。

五、零件图的技术要求

1. 表面粗糙度

零件在加工过程中，受刀具的形状、刀具与工件之间的摩擦、机床的振动及零件金属表面的塑性变形等因素，表面不可能绝对光滑。零件表面上这种具有较小间距的峰谷所组成的微观几何形状特征，称为表面粗糙度。一般来说，不同的表面粗糙度是由不同的加工方法形成的。表面粗糙度是评定零件表面质量的一项重要的指标，降低零件表面粗糙度，可以提高其表面耐腐蚀、耐磨损和抗疲劳等能力，但其加工成本也相应提高。因此，零件表面粗糙度的选择原则是：在满足零件表面功能的前提下，表面粗糙度允许值尽可能大一些。

2. 极限与配合

所谓零件的互换性，就是从一批相同的零件中任取一件，不经修配就能装配使用，并能保证其使用性能要求。零部件具有互换性，不但给装配、修理机器带来方便，还可用专用设备生产，提高产品数量和质量，同时降低产品的成本。要满足零件的互换性，就要求有配合关系的尺寸在一个允许的范围内变动，并且在制造上又是经济合理的。

公差配合制度是实现互换性的重要基础。在加工过程中，不可能把零件的尺寸做得绝对准确。为了保证互换性，必须将零件尺寸的加工误差限制在一定的范围内，规定出加工尺寸的可变动量，这种规定的实际尺寸允许的变动量称为公差。有关公差的一些常用术语如下。

（1）基本尺寸：根据零件强度、结构和工艺性要求设计确定的尺寸。

（2）实际尺寸：通过测量所得到的尺寸。

（3）极限尺寸：允许尺寸变化的两个界限值。它以基本尺寸为基数来确定。两个界限值中较大的一个称为最大极限尺寸；较小的一个称为最小极限尺寸。

（4）尺寸偏差（简称偏差）：某一尺寸减其相应的基本尺寸所得的代数差。

（5）上偏差：最大极限尺寸 – 基本尺寸。

（6）下偏差：最小极限尺寸 – 基本尺寸。上、下偏差统称极限偏差。上、下偏差可以是正值、负值或零。国家标准规定：孔的上偏差代号为 ES，孔的下偏差代号为 EI；轴的上偏差代号为 es，轴的下偏差代号为 ei。

（7）尺寸公差（简称公差）：允许实际尺寸的变动量。因为最大极限尺寸总是大于最小极限尺寸，所以尺寸公差一定为正值。

（8）公差带：由代表上、下偏差的两条直线所限定的一个区域称为公差带。为了便于分析，一般将尺寸公差与基本尺寸的关系，按放大比例画成简图，称为公差带图。在公差带图中，确定偏差的一条基准直线，称为零偏差线，简称零线。通常零线表示基本尺寸。

（9）标准公差：用以确定公差带大小的任一公差。国家标准将公差等级分为 20 级：IT01、T0、Tl～IT18。"IT" 表示标准公差，公差等级的代号用阿拉伯数字表示（IT01～IT18），精度等级依次降低。标准公差等级数值可查有关技术标准。

（10）基本偏差：用以确定公差带相对于零线位置的上偏差或下偏差，一般是指靠近零线的那个偏差。根据实际需要，国家标准分别对孔和轴各规定了 28 个不同的基本偏差。

六、零件的结构工艺性

（一）铸造零件的工艺结构

（1）拔模斜度。

（2）铸造圆角。

（3）铸件壁厚。

（二）机械加工工艺结构

机械加工工艺结构主要有：倒圆、倒角、越程槽、退刀槽、凸台、凹坑、中心孔等。

七、零件图识读的一般步骤

零件图识读的一般步骤包括看标题栏、分析图形、分析尺寸、看技术要求。

（1）看标题栏：通过标题栏，可以知道零件的名称、材料、数量、比例、图样代号等。

（2）分析图形：先看主视图，再联系其他视图，通过对图形的分析，想象出零件的结构形状。

（3）分析尺寸：对零件的结构了解清楚后，再分析零件的尺寸。先确定零件各部分结构形状的大小尺寸，再确定各部分结构间的位置尺寸，最后分析零件的总体尺寸。

（4）看技术要求：从中可以看出尺寸的公差、表面粗糙度、材料及热处理、检验方法等。

第六部分 AutoCAD 三维实体建模

AutoCAD 除具有强大的二维绘图功能外，还具备基本的三维造型能力。若物体并无复杂的外表曲面及多变的空间结构关系，则使用 AutoCAD 可以很方便地建立物体的三维模型。本部分将介绍 AutoCAD 三维绘图的基本知识。

一、三维几何模型分类

在 AutoCAD 中，用户可以创建 3 种类型的三维模型：线框模型、表面模型及实体模型。这 3 种模型在计算机上的显示方式是相同的，即以线架结构显示出来，但用户可用特定命令使表面模型及实体模型的真实性表现出来。

1. 线框模型（Wireframe Model）

线框模型是一种轮廓模型，它是用线（3D 空间的直线及曲线）表达三维立体，不包含面及体的信息，也不能使该模型消隐或着色。又由于其不含有体的数据，用户也不能得到对象的质量、重心、体积、惯性矩等物理特性，不能进行布尔运算。但线框模型结构简单，易于绘制。图 4-30 显示了立体的线框模型，在消隐模式下也能看到后面的线。

2. 表面模型（Surface Model）

表面模型是用物体的表面表示物体。表面模型具有面及三维立体边界信息。表面不透明，能遮挡光线，因而表面模型可以被渲染及消隐。对于计算机辅助加工，用户还可以根据零件的表面模型形成完整的加工信息，但是不能进行布尔运算。如图 4-31 所示是两个表面模型的消隐效果，前面的薄片圆筒遮住了后面长方体的一部分。

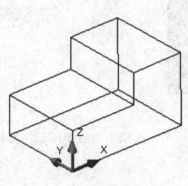

图 4-30　线框模型

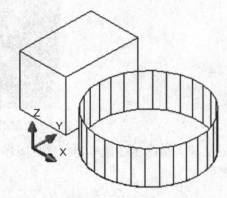

图 4-31　表面模型

3. 实体模型

　　实体模型具有线、表面、体的全部信息。对于此类模型，可以区分对象的内部及外部，可以对它进行打孔、切槽和添加材料等布尔运算，并对实体装配进行干涉检查，分析模型的质量特性，如质心、体积和惯性矩。对于计算机辅助加工，用户还可利用实体模型的数据生成数控加工代码，进行数控刀具轨迹仿真加工等。如图 4-32 所示是实体模型。

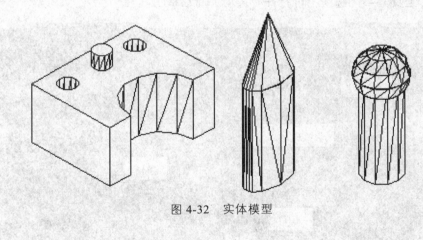

图 4-32　实体模型

二、三维绘图工作界面

　　进入三维工作界面的方式有以下两种：

　　（1）以文件 acadiso3d.dwg 为样板建立新图形，可以直接进入三维绘图工作界面。

　　（2）利用下拉菜单项"工具"→"工作空间"→"三维建模"，或者在"工作空间"工具栏的对应下拉列表中选择"三维建模"项，如图 4-33 所示。

图 4-33　工作空间切换工作界面

AutoCAD 2016 的三维绘图工作界面环境如图 4-31 所示，区别于二维绘图的主要部分，如下所示。

1. 坐标系图标

坐标系图标显示为三维图标，且默认显示在当前坐标系的坐标原点位置。

2. 光　标

如图 4-34 所示，光标显示出了 Z 轴，可以通过"选项"对话框中的"三维建模"选项卡设置是否在光标中显示 Z 轴以及坐标轴的标签（即在对应的坐标轴上显示 X、Y、Z。通过下拉式菜单项"工具"→"选项"可打开"选项"对话框）。

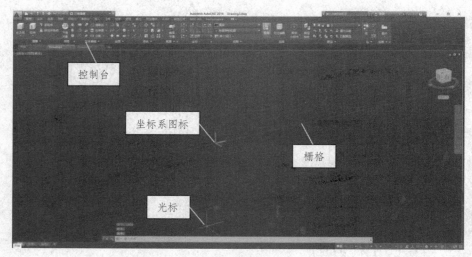

图 4-34　AutoCAD 2016 三维绘图工作界面

3. 栅　格

在三维绘图工作界面中，用栅格线代替了栅格点，而且栅格线位于当前坐标系的 XY 面上，并在主栅格线之间又细分了栅格。用户可以通过"草图设置"对话框中的"捕捉和栅格"内的"每条主线的栅格数"细分栅格数。

4. 控制台

控制台用于执行 AutoCAD 2016 的常用三维操作。用户可以像绘制二维图形一样，通过工具栏或者菜单执行 AutoCAD 2016 的三维命令。但利用控制台，能方便快捷地执行 AutoCAD 2016 的大部分三维操作。

三、视觉样式

在 AutoCAD 2016 中进行三维绘图时，用户可以控制所绘制的三维图像的视觉样式，即显示效果。

1. 功　能

控制所绘制三维图像的显示效果。

2. 执行方式

菜单栏调用：通过"视图"→"视觉样式"可以方便地设置视觉样式，如图 4-35 所示；也可以通过常用工具栏设置，如图 4-36 所示。

图 4-35　"视觉样式"菜单

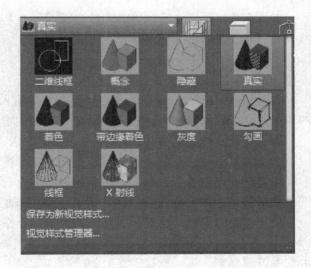

图 4-36　"视觉样式"工具栏

可以看出，AutoCAD 2016 的视觉样式有二维线框、概念、隐藏、真实、着色、带边缘着色、灰度、勾画、线框、X 射线等，读者可以根据实际情况，设置所需要的视觉样式。

四、用户坐标系

在二维绘图时，AutoCAD 2016 默认坐标系为世界坐标系（World Coordinate System，WCS），可满足绘图要求。因为通常在 WCS 的 XY 面内（可以认为是计算屏幕所在的平面）就可以绘制出各种二维图形。在 AutoCAD 2016 中，世界坐标系又叫通用坐标系或者绝对坐标系，其原点和各坐标轴的方向固定不变。

为了便于绘制图形（特别是三维图形），AutoCAD 2016 允许用户自定义自己的坐标系，并将这样的坐标系成为用户坐标系（User Coordinate System，UCS）。大部分三维绘图要在当前坐标系的 XY 平面或者是与 XY 平面平行的面上进行，因此，当在空间任意位置绘制三维图形时，通常应先建立对应的 UCS，UCS 是用 AutoCAD 2016 进行三维绘图的重要工具之一。

1. 功　能

创建、移动、调整操作一个用户坐标系。

2. 调　用

命令：UCS。

按钮：。

3. 格　式

命令：UCS

输入选项 [新建（N）/移动（M）/正交（G）/上一个（P）/恢复（R）/保存（S）/删除（D）/应用（A）/?/世界（W）]

4. 参数说明

（1）新建（N）：创建新的用户坐标系统。输入"N"后，AutoCAD 提示：指定新 UCS 的原点或 [Z 轴（ZA）/三点（3）/对象（OB）/面（F）/视图（V）/X/Y/Z] <0，0，0>。

创建新的用户坐标 AutoCAD 有以下几种方法。

① Z 轴（ZA）：指定 Z 轴的起始点和方向而建立坐标系，输入"ZA"后 AutoCAD 提示：指定新原点 <0，0，0>：输入新的原点的位置，默认值为（0，0，0）。

在正 Z 轴范围上指定点 <默认值>：指定 Z 轴正方向上的一点来确定 Z 轴正方向。

指定了新的原点的位置和 Z 轴方向的点后，系统创建一个新的用户坐标系。

② 三点（3）：通过三个点定义坐标系。指定新 UCS 原点及其 X 和 Y 轴的正方向，Z 轴由右手定则确定。第一点指定新 UCS 的原点，第二点定义 X 轴的正方向，第三点定义 Y 轴的正方向。输入"3"后 AutoCAD 提示：

指定新的原点<0，0，0>：输入新的原点的位置，默认值为（0，0，0）。

在正 X 轴上指定一点<默认值>：输入新的坐标中 X 轴正方向的任意一点。

在 UCS XY 平面的正 Y 轴范围上指定点<默认值>：输入新的坐标中 XY 平面中任意非 X

轴上的一点。

③ 对象（OB）：通过指定的实体定义新的坐标。根据选定三维对象定义新的坐标系。新 UCS 的拉伸方向（Z 轴正方向）与选定对象一样。可以选择的对象包括圆弧、圆、标注、直线、点、二维多段线、二维填充、宽线、三维面、形、文字、块参照和属性定义等。

输入"OB"后 AutoCAD 提示：

选择对齐 UCS 的对象：

如选取点，AutoCAD 系统以该点为新的原点，X 轴方向可选取指定。

如选取直线，AutoCAD 系统以该直线的近端点为新的原点，X 轴方向与直线的方向一致。

如选取是圆或圆弧，AutoCAD 系统以该圆或圆弧的圆点为新的原点，X 轴方向可选取指定。

如选取二维多段线，AutoCAD 系统以该多段线的起点为新的原点，X 轴方向与多段线的第一条线段一致。

④ 面（F）：通过三维实体的表面来建立新的坐标系。输入"F"后 AutoCAD 提示：

选择实体对象的面：选取一个三维实体的表面，如图 4-37 所示。

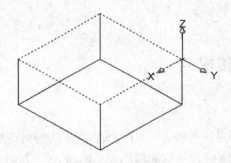

图 4-37　通过面建立 UCS

输入选项 [下一个（N）/X 轴反向（X）/Y 轴反向（Y）]<接受>：调整 X 轴和 Y 轴的方向。

下一个（N）：可将新坐标将 UCS 定位于邻近的面或上一个选定的面。输入"N"即可。

X 轴反向（X）：调整 X 轴的方向，输入"X"即可把新坐标绕 X 轴旋转 180°，图 4-37 就变成如图 4-38 所示。

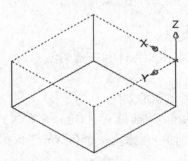

图 4-38　通过面建立 UCS，X 轴反向

⑤ 视图（V）：该选项把新的坐标系的 XY 平面与当前视图（平行于屏幕）设为平行，X

轴指向视图的水平方向，原点为当前视图的原点。

⑥ X/Y/Z：绕指定轴旋转当前 UCS。如输入"X"，AutoCAD 提示：指定绕 X 轴旋转的角度。

（2）移动（M）：移动坐标原点。输入"M"后该项提示：

指定新原点或 [Z 向深度（Z）] <0，0，0>：

从图上选取一点作为选取目标，即可创建新的坐标，该坐标系 XY 平面平行于原坐标系 XY 平面。如果输入"Z"，即指定沿 Z 轴移动一段距离。

（3）正交（G）：系统提供的 6 种正交坐标的方式分别是俯视（T）/仰视（B）/主视（F）/后视（BA）/左视（L）/右视（R）。

（4）上一个（P）：输入"P"，将退回前一种坐标系统。

（5）恢复（R）：选用已经存储的坐标系。

（6）保存（S）：存储自定义的坐标系。

（7）删除（D）：删除已经命名的坐标系。

（8）应用（A）：将指定坐标系统应用于当前视窗。

（9）列出当前图形文件中所有已命名的用户坐标系统。

（10）世界（W）：使用世界坐标系统。

五、用 VPOINT 设置视点

1. 功　能

可以通过 VPOINT 命令来设置视点。VPOINT 命令执行时可以直接通过键盘输入视点空间矢量，此时视图被定义为观察者从空间向原点（0，0，0）方向观察；也可以通过罗盘来动态设置视点。

2. 调　用

菜单：【视图】→【三维视图】→【视点】。

命令：VPOINT。

3. 格　式

执行该命令后，AutoCAD 提示：

指定视点或 [旋转（R）] <显示坐标球和三轴架>：

选取一点即可设为视点。

旋转（R）：使用两个角度指定新的方向。

输入 XY 平面中与 X 轴的夹角<当前值>：指定一个在 XY 平面中与 X 轴的夹角。

输入与 XY 平面的夹角<当前值>：指定一个与 XY 平面的夹角，位于 XY 平面的上方或下方。

显示坐标球和三轴架：如果在开始提示后回车执行，将在屏幕上出现如图 4-39 所示的图形。

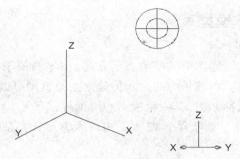

图 4-39 坐标球和三轴架

在屏幕右上角的坐标球是一个球体的二维显示。中心点是北极（0，0，n），其内环是赤道（n，n，0），整个外环是南极（0，0，－n）。坐标球上出现一个小十字光标，可以使用定点设备将十字光标移动到球体的任意位置上。当移动光标时，三轴架根据坐标球指示的观察方向旋转。如果选择一个观察方向，将光标移动到球体的合适位置上然后单击即可。

六、标准视图

通过视图中的正交选项，可以进入标准视图。标准视图包括 6 个方向的正视图及 4 个方向的轴测图。

菜单：【视图】→【三维视图】→【俯视】、【仰视】、【左视】、【右视】、【前视】、【后视】、【西南等轴测】、【东南等轴测】、【东北等轴测】、【西北等轴测】。

按钮：。

命令：View。

在如图 4-40 所示的对话框中，选中所需设置的视图，设为当前值。

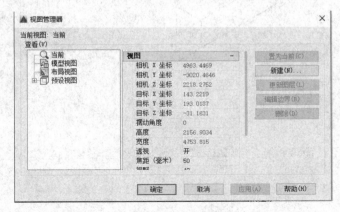

图 4-40　视图管理器

七、创建三维实体模型

轴测图是二维图形示意三维图形的框架表示方式，其本身属于平面图形，并非三维立体。曲面表示的三维图形只有面，内部是空的。实体建立的模型则可以认为是真正的实体。

建立基本三维模型有两种办法：其一是输入相应的控制尺寸，AutoCAD 自动生成基本体，包括长方体、球体、圆柱体、圆锥体、楔体、圆环体等；其二是通过旋转或者拉伸等方式实现。

创建复杂三维模型可以用基本三维模型通过布尔操作和三维实体编辑来实现。

（一）基本实体的创建

基本实体的创建包括创建长方体、球体、圆柱体、圆锥体、楔体、圆环体等。

菜单：【绘图】→【建模】。

按钮：

（二）通过拉伸创建实体

AutoCAD 允许通过拉伸二维封闭对象按指定的高度或路径拉伸创建三维实体，或通过面域按指定的高度或路径拉伸创建三维实体。下面以图 4-41 所示的旋转实体简单介绍三维立体模型的建立。

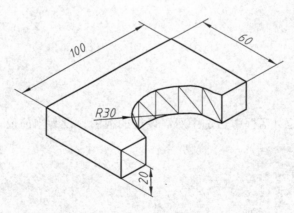

图 4-41　旋转实体

1. 功　能

把二维封闭对象、面域按指定的高度或路径拉伸创建三维实体。

2. 调　用

菜单：【绘图】→【建模】→【拉伸】。

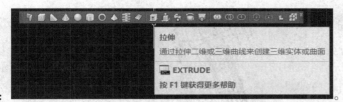

按钮：。

命令：Extrude。

3. 格　式

执行该命令后，AutoCAD 依次提示：

当前线框密度：ISOLINES = 4

选择要拉伸的对象或[模式（MO）]：

指定拉伸的高度或 [方向（D）/路径（P）/倾斜角（T）/表达式（E）]：

删除定义对象？[是（Y）/否（N）]<是>：

拉伸命令各选项的含义如下。

（1）指定拉伸的高度：确定拉伸高度，使对象按该高度拉伸，该选项为默认项。在指定高度后，即可创建出应的拉伸实体。

（2）方向（D）：确定拉伸方向。执行该选项，AutoCAD 提示：

指定方向的起点：

指定方向的端点：

执行该选项后，AutoCAD 以所指定两点之间的距离为拉伸高度，以两点之间的连接方向为拉伸方向创建出拉伸对象。

（3）路径（P）：按路径拉伸。执行该选项，AutoCAD 提示：

选择拉伸路径或[倾斜角（T）]：

"选择拉伸路径"为默认选项，用户直接选择即可。

（4）倾斜角（T）：确定拉伸倾斜角。执行该选项，AutoCAD 提示：

指定拉伸的倾斜角度

如果输入了角度值，正角度表示从基准对象逐渐变细地拉伸，而负角度则表示从基准对象逐渐变粗地拉伸，默认角度 0 表示在与二维对象所在平面垂直的方向上进行拉伸。

注意：以倾斜角拉伸时，如果指定了较大的倾斜角或较长的拉伸高度，将导致对象或对象的一部在到达拉伸高度之前就已经汇聚到一点。当圆弧是锥状拉伸的一部分时，圆弧的张角保持不变，而圆弧的半径发生改变。

（三）通过旋转二维对象创建实体

AutoCAD 可以通过旋转闭合多段线、多边形、圆、椭圆、闭合样条曲线、圆环和面域创建三维立体模型，可以将一个闭合对象绕当前 UCS 的 X 轴或 Y 轴旋转一定的角度生成实体，还可以绕直线、多段线或两个指定的点旋转对象。下面以图 4-42 所示的旋转实体介绍三维立体模型的建立。

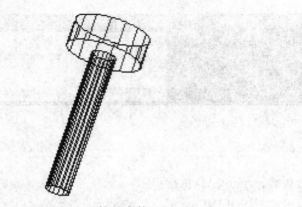

图 4-42　旋转实体

1. 功　能

把旋转闭合多段线、多边形、圆、椭圆、闭合样条曲线、圆环和面域创建三维立体模型。

2. 调　用

菜单：【绘图】→【建模】→【旋转】。

按钮：

命令：Revolve。

3. 格　式

执行该命令后，AutoCAD 依次提示：

当前线框密度：ISOLINES = 4

选择对象：

指定旋转轴的起点或定义轴依照 [对象（O）/X 轴（X）/Y 轴（Y）]：

指定轴端点：

指定旋转角度 <360>：

旋转命令各选项的含义如下。

（1）指定旋转轴的起点：通过指定旋转轴的两端点位置确定旋转轴，该选项为默认项。在指定旋转轴的起点后，AutoCAD 提示：

指定轴端点：（确定旋转轴的另一端点位置）

指定旋转角度或[起点角度（ST）]

① 指定旋转角度：确定旋转角度，该选项为默认选项。输入角度值后按 Enter 键，AutoCAD 选择的对象按指定的角度创建出对应的旋转实体。

② 起点角度（ST）：确定旋转的起始角度。执行该选项，AutoCAD 提示：

指定起点角度：（输入旋转的起始角度）

指定旋转角度：（输入旋转角度）

（2）对象（O）：绕指定的对象旋转。执行该选项，AutoCAD 提示：

选择对象

此提示要求选择作为旋转轴的对象。此时，用户只能选择用 Line 命令绘制的直线或用 Pline 命令绘制的多段线。选择多段线时，如果拾取的多段线是直线段，旋转对象将绕该线段旋转；如果拾取的是圆弧段，AutoCAD 以该圆弧两端点的连线作为旋转轴旋转。

确定旋转轴对象后，AutoCAD 提示：

指定旋转角度或[起点角度（ST）]：（确定旋转角度即可）

（3）X、Y、Z：分别绕 X、Y、Z 轴旋转成实体。执行某一选项，AutoCAD 提示：

指定旋转角度或[起点角度（ST）]：（确定旋转角度即可）

（四）通过扫掠创建实体

1. 功　能

扫掠用于将二维封闭对象按指定的路径扫掠来创建三维实体，下面以图 4-43 所示的图例介绍扫掠命令的使用。

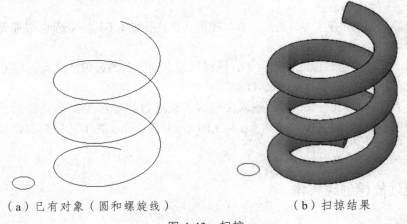

（a）已有对象（圆和螺旋线）　　　　（b）扫掠结果

图 4-43　扫掠

2. 调　用

菜单：【绘图】→【建模】→【扫掠】。

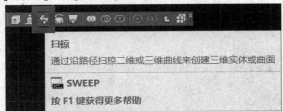

按钮：

命令：Sweep。

3. 格　式

执行 Sweep 命令，AutoCAD 提示：

当前线框密度：ISOLINES = 4

选择要扫掠的对象：（选择要扫掠的对象）

选择要扫掠的对象：（也可以继续选择对象）

选择扫掠路径或[对齐（A）基点（B）比例（S）扭曲（T）]：

扫掠命令各选项的含义及其操作如下。

（1）选择扫掠路径：选择路径进行扫掠，该选项为默认选项。在选择路径后，即可创建出扫掠对象。

（2）对齐（A）。

执行该选项，AutoCAD 提示：

扫掠前对齐垂直于路径的扫掠对象[是（Y）否（N）]<是>：

此提示询问扫掠前是否先将用于扫掠的对象垂直对齐于路径，然后再进行扫掠，用户根据需要响应即可。

（3）基点（B）：确定扫掠基点，即确定扫掠对象上的哪一点（或对象外的一点）将沿扫掠路径移动。

执行该选项，AutoCAD 提示：

指定基点：（指定基点）

选择扫掠路径或[对齐（A）基点（B）比例（S）扭曲（T）]：（选择扫掠路径或进行其他操作）

（4）比例（S）：指定扫掠的比例因子，使得从起点到终点的扫掠按此比例均匀放大或缩小。

执行"比例（S）"选项，AutoCAD 提示：

输入比例因子或[参照（R）]：（输入比例因子或通过"参照（R）"选项设置比例）

选择扫掠路径或[对齐（A）基点（B）比例（S）扭曲（）]：（选择扫掠路径或进行其他操作）

（五）通过放样创建实体

1. 功　能

放样指通过一系列封闭曲线（称为横截面轮廓）来创建三维实体。

2. 调　用

菜单：【绘图】→【建模】→【放样】。

按钮：　　　　　　　　　　　　　　　　　　　　　　　。

命令：Loft。

3. 格 式

执行 Loft 命令，AutoCAD 提示：

按放样次序选择横截面:(按顺序选择用于放样的曲线。在此提示下应至少选择两条曲线)

按放样次序选择横截面:

输入选项[导向（G）路径（P）仅横截面（C）]<仅横截面>

放样命令各选项的含义及其操作如下。

（1）导向（G）：指定用于创建放样对象的导向曲线。导向曲线是直线或曲线。利用导向曲线，可以通过添加线框信息的方式进一步定义放样对象的形状。导向曲线应满足的要求是：要与每一截面相交；起始于第一个截面并结束于最后一个截面。

（2）路径（P）：指定用于创建放样对象的路径，选择路径曲线。

（3）仅横截面（C）：通过对话框进行放样设置，按"确定"按钮，即可创建出对应的放样对象。

八、布尔运算

对于三维实体，可以进行布尔运算编辑操作来得到所需要的图形。其方法有并集、交集和差集。

（一）并 集

1. 功 能

两个或两个以上相交的面域或相交的实体通过并集操作成为一个整体，如图 4-44 所示。

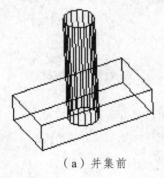

（a）并集前   （b）并集后

图 4-44 并集

2. 调 用

菜单:【修改】→【实体编辑】→【并集】。

按钮:

命令:Union。

3. 格　式

执行该命令后，AutoCAD 提示：
选取对象：

（二）差　集

1. 功　能

与并集相类似，也可以通过用差集创建组合面域或实体，如图 4-45 所示。

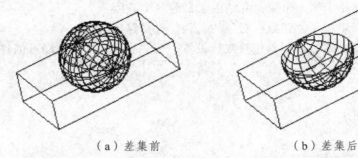

（a）差集前　　　　　　　　　（b）差集后

图 4-45　差集

2. 调　用

菜单：【修改】→【实体编辑】→【差集】。

按钮：　　　　　　　　　　　　　　　　。
命令：Subtract。

3. 格　式

执行该命令后，AutoCAD 依次提示：
命令：_subtract 选择要从中减去的实体或面域...
选择对象：
选取被减实体或面域，并确认
选择对象：选择要减去的实体或面域
选择对象：

（三）交　集

1. 功　能

与并集、差集一样，可以通过用交集来产生多个面域或实体相交的部分，如图 4-46 所示。

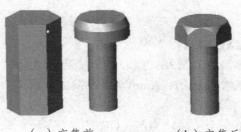

（a）交集前　　　　　（b）交集后

图 4-46　交集

2. 调　用

菜单：【修改】→【实体编辑】→【交集】。

按钮： 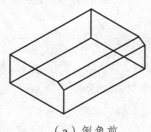 。

命令：Intersect。

3. 格　式

执行该命令后，AutoCAD 依次提示选取实体，选取需要做交集的实体或面域即可。

九、编辑三维实体模型

（一）倒　角

1. 功　能

对二维图形和三维实体进行倒角。

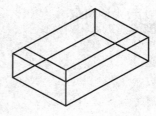

（a）倒角前　　　　　（b）倒角后

图 4-47　倒角

2. 调　用

菜单：【修改】→【倒角】。

按钮： 。

命令：Chamfer。

3. 格　式

执行该命令后，AutoCAD 提示：

选择第一条直线或 [多段线（P）/距离（D）/角度（A）/修剪（T）/方式（M）/多个（U）]:

这时选取要倒角的三维实体的边，AutoCAD 继续提示：

基面选择...

输入曲面选择选项 [下一个（N）/当前（OK）] <当前>:

指定基面的倒角距离<默认值>:

指定其他曲面的倒角距离 <默认值>:

（二）圆　角

1. 功　能

对二维图形和三维实体进行倒圆角。

（a）倒圆角前　　　　　　　　（b）倒圆角后

图 4-48　倒圆角

2. 调　用

菜单：【修改】→【圆角】。

按钮：。

命令：Fillet。

3. 格　式

执行该命令后，AutoCAD 依次提示：

当前设置：模式 = 修剪，半径 = 50.0000

选择第一个对象或 [多段线（P）/半径（R）/修剪（T）/多个（U）]:

选取需要倒角的三维实体的边，AutoCAD 继续提示：

输入圆角半径 <50.0000>:

输入圆角的半径值，AutoCAD 继续提示：

选择边或 [链（C）/半径（R）]:

【检查题】

1. 什么叫作零件图？它主要包含哪些内容？

　　_____

　　_____

　　_____

2. 典型零件主要有哪几种类型？

　　_____

　　_____

　　_____

3. 零件主视图的选择主要有哪些原则？

　　_____

　　_____

　　_____

4. 零件图中标题栏主要需要填写哪些内容？

　　_____

　　_____

　　_____

5. 零件图中技术要求主要有哪些内容？

　　_____

　　_____

　　_____

6. 什么叫作公差？公差主要有哪几大类型？

　　_____

　　_____

　　_____

7. 什么叫作标准公差？

　　_____

　　_____

　　_____

8. 零件图中的工艺要求主要有哪些内容？

　　_____

　　_____

任务一
识读齿轮轴的零件图

工厂里的齿轮轴在工作中不慎损坏，现急需重新配套加工，工人找来齿轮轴的零件图纸，请识读图 4-49 所示的齿轮轴的零件图。

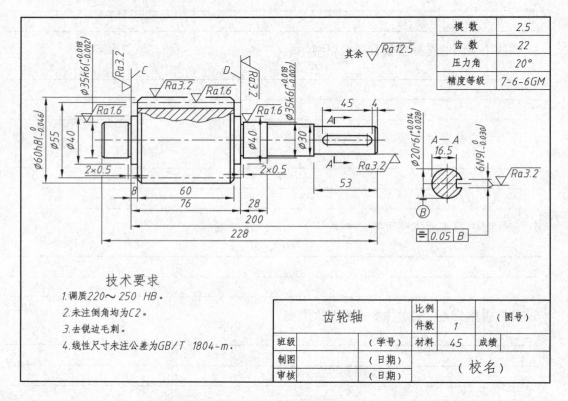

模 数	2.5
齿 数	22
压力角	20°
精度等级	7-6-6GM

齿轮轴		比例			（图号）
		件数	1		
班级		（学号）	材料	45	成绩
制图		（日期）			（校名）
审核		（日期）			

图 4-49 齿轮轴零件图

（1）了解识读零件图的一般方法和步骤。

（2）了解齿轮轴的图形表达方法中局部剖视图和断面图的表达方式。

（3）识读齿轮轴中的重要尺寸。

（4）了解尺寸公差和表面粗糙度的相关内容。

（5）识读齿轮轴零件图中的技术要求。

识读轴承盖的零件图

请完成识读图 4-50 所示的轴承盖的零件图。

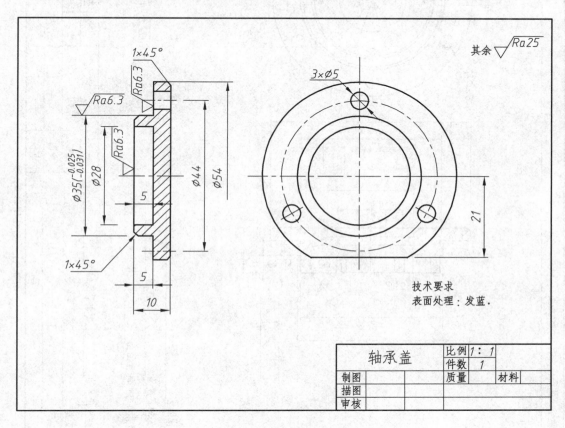

图 4-50　轴承盖零件图

（1）掌握盘盖类零件的特征。

（2）掌握剖视图剖切面的表达及其应用场合。

（3）了解盘盖类零件上常见的孔的尺寸标注方法。

（4）掌握盘盖类零件的一般技术要求。

（5）识读图 4-51 所示的零件图，并填空。

根据零件图，想象其空间结构，识图填空，并画出右视图的外形图。

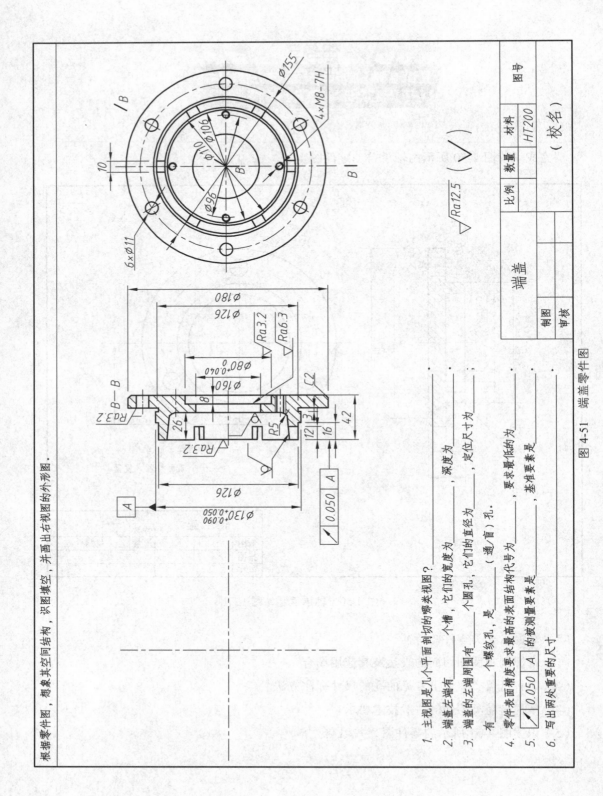

图 4-51 端盖零件图

1. 主视图是几个平面剖切的哪类视图？
2. 端盖左端有_____个槽，它们的宽度为_____，深度为_____；
3. 端盖的左端周围有_____个圆孔，它们的直径为_____，定位尺寸为_____；
   有_____个紧定孔，是_____(通/盲)孔。
4. 零件表面精度要求最高的表面结构代号为_____，要求最低的为_____。
5. ⌯ 0.050 A 的被测量要素是_____，基准要素是_____。
6. 写出两处重要的尺寸_____

材料 HT200
端盖 (校名)
比例 数量 材料 图号

$\sqrt{Ra12.5}$ ($\sqrt{}$)

制图
审核

170

请识读图 4-52 所示的蜗杆减速器箱体的零件图。

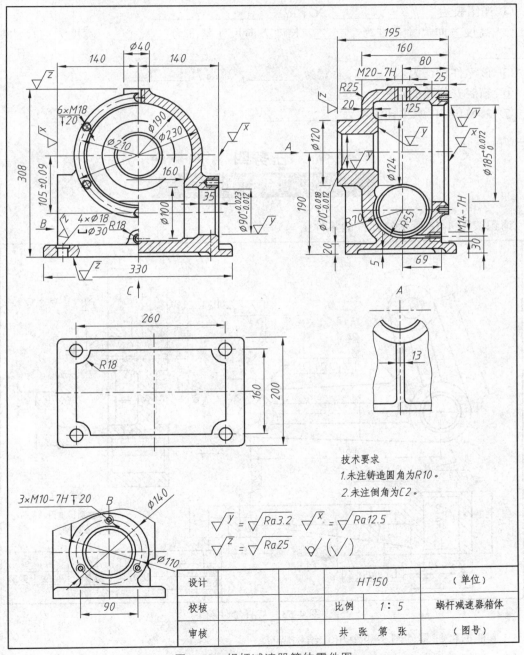

图 4-52 蜗杆减速器箱体零件图

171

（1）根据减速器箱座、箱盖零件图，想象出其结构特征。

（2）理解零件图上公差配合、形位公差及表面粗糙度等技术要求。

（3）识读蜗杆减速器零件图，并填空。

① 该零件属于_____类零件。

② 该零件图用_____个图形表达，主视图采用_____剖，左视图采用_____剖，另外还有_____视图和_____视图。

③ A图表达_____，C图表达_____。

④ 高度方向尺寸基准为_____，长度方向尺寸基准为_____，宽度方向尺寸基准为_____。

⑤ 该零件总长为_____，总宽为_____，总高为_____。

⑥ 箱底安装孔的定位尺寸为_____。

⑦ 3×M10-7H 螺纹孔深度为_____。

任务四　识读杠杆的零件图

请识读图 4-53 所示的杠杆的零件图。

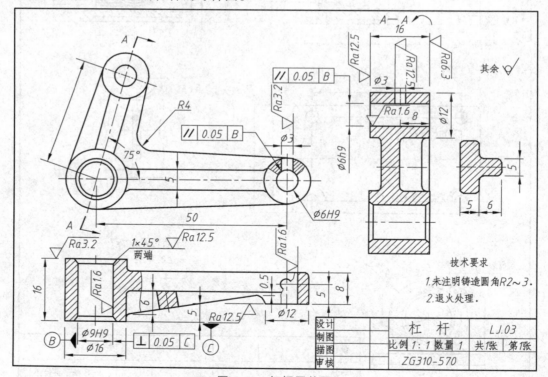

图 4-53　杠杆零件图

（1）根据杠杆零件图，想象出其结构特征。

（2）理解零件图上公差配合、形位公差及表面粗糙度等技术要求。

表 4-1 工作计划

任务：典型零件的识读

序号	工作内容	准备清单 零件/测量工具/绘图工具	工作安全	工作时间 计划	工作时间 实际

考核评分

表 4-2 考核评分

情景四：典型零件图的识读

序号	评分点	工作评价		组织形式 个人工作□ 小组协同工作□			
		工作要求	权重	个人评价	小组评价	教师评价	最终评价分数
结果评价							
1	零件图识读	表达方案描述准确，尺寸公差与技术要求识读无误	0.1				
2	检查题	回答正确，展示效果良好	0.1				
3	工作计划	有详细的工作部署和安排，流程规范，可操作性强	0.1				
4	AutoCAD 零件图	能根据实体进行工程图的生成，位置安放合理，表达清晰	0.2				
5	尺寸标注	标注规范，符合国家标准	0.1				
6	公差的识读	识读准确，能理解尺寸公差、形位公差和表面粗糙度的含义	0.2				
7	技术要求的识读	能理解常见零件图的技术要求，如加工艺圆角、常见工艺处理方式等	0.2				
综合评价得分		（转化为百分制）					
班级				小组			

备注：个人评价分数分 0、2、4、6、8、10，按与工作实际要求的符合性评分。
小组评价分数分 0、2、4、6、8、10，按组内与工作实际要求的符合性的相近程度排序得分。
教师评价分数按个人评价分数与小组评价分数符合程度 0.5、10 评分，两个成绩相一致为 10 分，相差一级为 5 分，相差两级及以上为 0 分。最终评价分数参考以上三者情况，根据权重评分。

174

标准件与常用件的画法

本项目主要学习标准件与常用件的画法，主要有螺纹、普通平键、直齿圆柱齿轮、单列球轴承。通过对它们的建模练习和工程图样的生成、编辑，让学生掌握标准件与常用件的结构和简化画法。

知识目标▼

（1）掌握螺纹的规定画法及标注；
（2）掌握标准件的画法，并查表标注准确；
（3）掌握常用螺纹连接件的连接画法；
（4）熟知圆柱齿轮各部分的名称及计算公式；
（5）掌握直齿圆柱齿轮及其啮合的规定画法；
（6）了解键、销、滚动轴承的画法。

能力目标▼

（1）能识读常用标准件的零件图；
（2）能对螺纹及螺纹连接图形进行分析，并确定绘制步骤和方法；
（3）能利用 AutoCAD 软件绘制标准件、齿轮、滚动轴承并正确标注尺寸；
（4）能正确查阅机械制图国家标准及其他相关标准。

任务布置▼

绘制标准件与常用件的零件图

（1）掌握标准件与常用件的结构和简化画法；
（2）了解标准件与常用件的国家标准；
（3）查阅标准件与常用件的相关参数；
（4）利用 AutoCAD 软件对常用标准件进行建模；
（5）利用 AutoCAD 软件生成标准件与常用件的工程图样。
几种标准件与常用件见图 5-1。

（a）螺栓

（b）齿轮

（c）滚动轴承

图 5-1　标准件与常用件

知识链接 ▽

第一部分　螺纹的基础知识

一、螺纹的规定画法和标注

螺纹一般不按真实投影作图，而是采用机械制图国家标准规定的画法以简化作图过程。绘制螺纹连接件的零件图和装配图时，可按零件的规定标记（即标准件代号），从有关标准中查出绘图所需的尺寸，但为了提高绘图速度，通常采用比例画法，即螺纹紧固件的各有关尺寸都取与螺纹大径 d 成一定比例。

1. 外螺纹的画法

在剖视图中，螺纹终止线只画出大径和小径之间的部分，剖面线应画到粗实线处。当需要表示螺尾时，用与轴线成 30°度的细实线绘制，如图 5-2 所示。

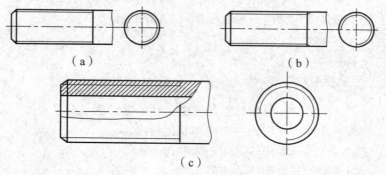
（a）　　　　　　　　　　　　（b）

（c）

图 5-2　外螺纹绘制

2. 内螺纹的画法

画内螺纹剖视图时，牙顶和螺纹终止线用粗实线表示，牙底用细实线表示。轴线垂直投影面的视图中，小径圆画粗实线，大径圆画细实线，只画约 3/4 圈，倒角圆省略不画，如图 5-3 所示。

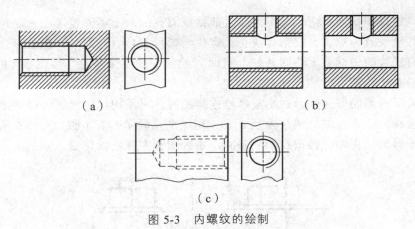

（a）　　　　　　　　　　　　（b）

（c）

图 5-3　内螺纹的绘制

3. 内、外螺纹旋合的画法

画图步骤：

（1）首先画出外螺纹；

（2）然后确定内螺纹的端面位置；

（3）画内螺纹及其余部分投影。

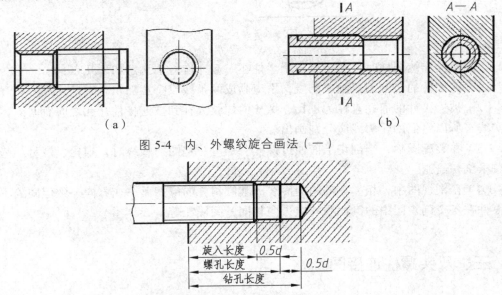

（a）　　　　　　　　　　　　（b）

图 5-4　内、外螺纹旋合画法（一）

旋入长度　　0.5d

螺孔长度　　　　0.5d

钻孔长度

图 5-5　内、外螺纹旋合画法（二）

注意：

（1）旋合部分按外螺纹的画法绘制，其余部分按各自画法绘制。

（2）表示大、小径的粗细实线要对齐，与倒角大小无关。

二、螺栓连接

用螺栓、螺母和垫圈将两个都不太厚且能钻成通孔的两个零件连接在一起，称为螺栓连接。被连接件上没有内螺纹，仅钻有通孔，螺栓与螺母旋合。装配时，螺栓穿过被连接件的通孔，在制有螺纹的一端装上垫圈并拧上螺母。绘制螺纹连接图时，可按零件的规定标记，从有关标准中查出绘图所需的尺寸。

同样，为了提高绘图速度，在绘制螺栓连接图时，可采用比例画法，即图上各尺寸可不按标准中数值画出，而都取与螺纹大径 d 成一定比例来画图，其步骤如图 5-6 所示。先画螺栓外螺纹和螺母的俯视图，再按投影关系确定主视图和左视图的位置。

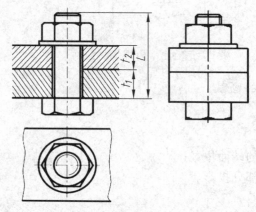

图 5-6　螺栓连接绘制

在画螺栓连接图样时，由于有多个零件在一起，应特别注意如下几点：

（1）两零件的接触面只画一条线，不应画成两条线或特意加粗。

（2）被连接件的通孔直径为 $1.1d$，螺栓的螺纹大径和被连接件光孔之间有间隙，即两条粗实线，所以它们的轮廓线应分别画出。

（3）在装配图中，当剖切平面通过螺栓、螺母、垫圈的轴线时，螺栓、螺母、垫圈一般均按未剖切绘制。

（4）在剖视图中，相邻零件的剖面线，其倾斜方向应相反，或方向一致但间隔不等。同一零件在各个剖视图中的剖面线均应方向相同，间隔相等。

三、双头螺柱连接图

双头螺柱连接与螺栓连接类似，也是由五个零件组成，分别是螺柱与螺母、垫圈配合使用，将两个表现为局部板的零件连接在一起。螺柱连接常用于被连接件之一厚度较大，不适宜钻成通孔的形式。如图 5-7 所示，上面较薄的板是通孔，下面的零件板上是螺孔。装配时，先将双头螺柱的旋入端拧入较厚板的螺纹孔中，另一端（紧固端）穿过被连接件的通孔（孔径 ≈ $1.1d$），再套上垫圈，并拧紧螺母。

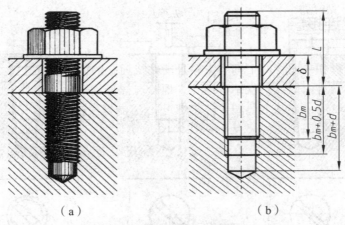

（a）　　　　　　　　（b）

图 5-7　双头螺柱连接绘制

画双头螺柱连接时，头部结构与螺栓相同。这里说明其简化画法，简化画法不表现各标准件的倒角结构，同时应注意旋合处结构在视图中的几个注意事项：

（1）旋入端长 b_m 与被连接件材料有关。

对于钢或青铜，$b_m = d$；对于铸铁，$b_m = 1.25d$；对于铝合金，$b_m = 1.5d$；对于纯铝或非金属 $b_m = 2d$。

（2）旋入端的螺孔的螺纹深度 h 应大于旋入端的螺纹长度 b_m，可取 $h \approx b_m + 0.5d$，而钻孔深度 $h_1 \approx h + (0.2 \sim 0.5)d$。钻孔底部的锥顶角应画成 $120°$。

（3）旋入端必须全部拧入螺孔内，即旋入端的螺纹终止线必须与被连接件的接触面画成一条线，表示旋入端已足够拧紧。

（4）双头螺柱的有效长度：$L = \delta + S + H + a$。

式中，δ 为有通孔的被连接件的厚度，一般为已知；S 为垫圈厚度；H 为螺母厚度，均可从标准中查出；a 为螺柱伸出螺母的长度，一般可取（$0.2 \sim 0.3$）d。

用上式计算出 L 之后，查双头螺柱标准，从长度系列中选取大于 L 且与 L 相近的标准值作为 L 值。

四、螺钉连接

较薄的被连接件钻有通孔，较厚的被连接件制有螺孔，两个被连接件在结合面上无压力限制时可用螺钉连接。螺钉连接共有三个零件：标准件螺钉和两个被连接件的板。螺钉有圆柱头螺钉、圆锥头螺钉和半球头螺钉。螺杆旋入被连接零件螺孔的深度由被连接零件的材料决定，与螺柱旋入端部 b_m 的取值相同。其结构可查国家标准，确定各部分的尺寸；也可以按比例在图纸上确定其结构尺寸。如图 5-8 所示，画出螺钉的连接图，图中左边的为圆柱头螺钉，右边的为圆锥头螺钉。

螺钉连接图中，拧紧槽口，通常可涂黑表示，在俯视图中，必须按倾斜 $45°$ 斜线画出。

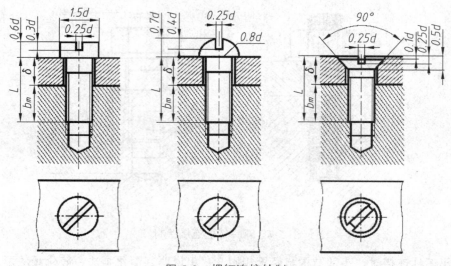

图 5-8 螺钉连接绘制

五、普通平键的连接画法

由键所在轴的尺寸可画出其结构图，如图 5-9（a）所示。键的宽度和深度确定，但长度由结构及强度条件确定。由轮毂上键槽的尺寸可画出其结构图，如图 5-9（b）所示。

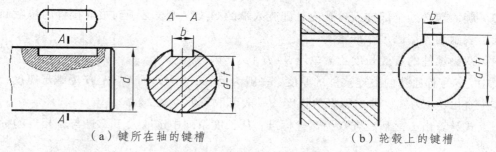

（a）键所在轴的键槽　　　　　　　　　（b）轮毂上的键槽

图 5-9　轴和轮毂上的键槽

普通平键的两个侧面是工作面，安装时键的侧面要与键槽的侧面接触受力，上下两底面是非工作面，而上底面与轮毂键槽的顶面之间留有间隙。因此，在其键连接的画法中，键两侧与轮毂键槽应接触，画成一条线，而键的顶面与键槽不接触，画成两条线。如图 5-10 所示，在主视图中，轴上作了局部剖视图，以表现键的左右位置，在 A—A 断面图中，表现了键的工作侧面。

六、销连接

圆柱销的连接画法，如图 5-11（a）所示。圆柱销按轴结构处理，不绘制剖面线。

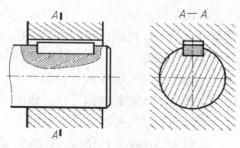

图 5-10　键连接绘制

圆锥销的连接画法,如图 5-11(b)所示。图中结构是两板,其目的是保持两板的相对位置。在零件图上标注销孔尺寸时,应注明"配作"字样。

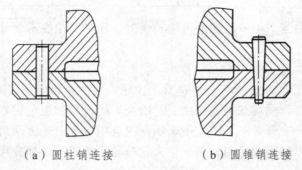

（a）圆柱销连接　　　　　　　　（b）圆锥销连接

图 5-11　销连接

第二部分　直齿圆柱齿轮的基础知识

齿轮是组成机器的重要传动零件,其主要功用是通过平键或花键与轴类零件连接起来形成一体,再与另一个或多个齿轮相啮合,将动力和运动从一根轴上传递到另一根轴上。

一、齿轮的画法

1. 直齿圆柱齿轮的规定画法

虽然标准直齿轮的结构有齿轮轴、实心式、腹板式、孔板式和轮辐式等多种形式,但国家标准只对齿轮的轮齿部分做了规定画法,其余部分按齿轮轮廓的真实投影绘制。

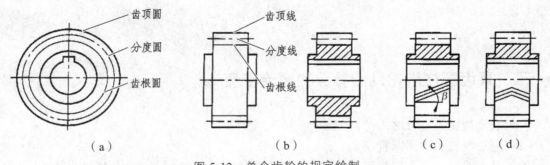

（a）　　　　　　　（b）　　　　　　　（c）　　　　　（d）

图 5-12　单个齿轮的规定绘制

注意事项:
（1）齿顶圆和齿顶线用粗实线绘制。

（2）分度圆和分度线用细点画线绘制（分度线应超出轮齿两端面 2～3 mm）。

（3）齿根圆和齿根线用细实线绘制，也可省略不画；在剖视图中，齿根线用粗实线绘制，这时不可省略。

（4）在剖视图中，当剖切平面通过齿轮轴线时，轮齿一律按不剖处理。

　　2. 一对齿轮啮合的画法

　　如图 5-13 所示为齿轮啮合画法。在垂直于齿轮轴线的投影面的视图（反映为圆的视图）中，两节圆应相切，齿顶圆均按粗实线绘制，啮合区的齿顶圆也可省略不画。在平行于齿轮轴线的投影面的视图（非圆视图）中，当采用剖视且剖切平面通过两齿轮的轴线时，在啮合区将一个齿轮的轮齿用粗实线绘制，另一个齿轮的轮齿被遮挡的部分用细虚线绘制，细虚线也可省略。

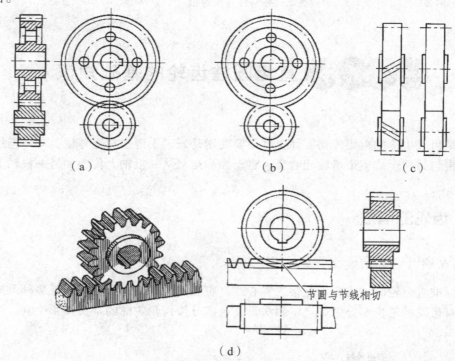

图 5-13　齿轮啮合的规定绘制

二、直齿圆柱齿轮几何参数的测绘步骤

（1）数出齿轮的齿数 Z。

（2）测量齿轮的齿顶圆直径 d_a。

　　如果是偶数齿，可直接测得齿轮的齿顶圆直径 d_a，见图 5-14（a）。如果是奇数齿，可先测出轮毂孔的直径尺寸 D_1 及孔壁到齿顶间的单边径向尺寸 H，见图 5-14(c),则齿顶圆直径：

$$d_a = 2H + D_1$$

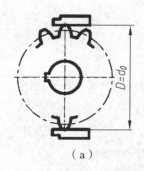 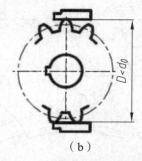 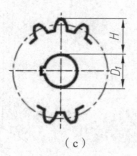

（a）　　　　　　　　（b）　　　　　　　　（c）

图 5-14　齿顶圆直径测量

（3）计算和确定模数 m。

依据公式 $m = \dfrac{d_a}{Z+2}$ 算出 m 的测得值，然后与标准模数值比较，取较接近的标准模数为被测齿轮的模数。

（4）计算齿轮各部分尺寸。

齿轮各部分尺寸计算公式见表 5-1。

表 5-1　计算齿轮公式

序号	名称	符号	计算公式
1	分度圆直径	d	$d_1 = mz_1, d_2 = mz_2$
2	齿顶圆直径	d_a	$d_{a1} = m(z_1+2), d_{a2} = m(z_2+2)$
3	齿根圆直径	d_f	$d_{f1} = m(z_1-2.5), d_{f2} = m(z_2-2.5)$
4	基圆直径	d_b	$d_{b1} = mz_1\cos\alpha, d_{b2} = mz_2\cos\alpha$
5	全齿高	h	$h = 2.25m$
6	径向间隙	c	$c = 0.25m$
7	分度圆齿距	p	$p = \pi m$
8	分度圆齿厚	s	$s = \dfrac{\pi m}{2}$
9	分度圆齿槽宽	e	$e = \dfrac{\pi m}{2}$
10	基圆齿距	p_b	$p_b = \pi m \cos\alpha$
11	标准中心距	a	$a = \dfrac{a}{2}(z_1+z_2)$

（5）公法线长度和基圆齿距。

通过测量公法线长度基本上可确定模数和压力角。对于直齿和斜齿圆柱齿轮，可用公法线千分尺或游标卡尺测出相邻齿公法线长度，如图 5-15 所示（以分度圆附近测得的尺寸精度较高。因此，测量时应尽可能使卡尺切于分度圆附近，避免卡尺接触齿尖或齿根圆角）。

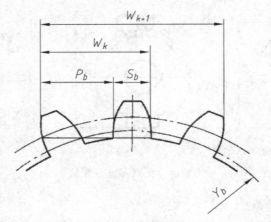

图 5-15　公法线长度 W_k 的测量

第三部分　滚动轴承的基础知识

　　滚动轴承（Rolling Bearing）是将运转的轴与轴座之间的滑动摩擦变为滚动摩擦，从而减少摩擦损失的一种精密的机械元件。滚动轴承一般由内圈、外圈、滚动体和保持架四部分组成，内圈的作用是与轴相配合并与轴一起旋转；外圈的作用是与轴承座相配合，起支撑作用；滚动体是借助于保持架均匀地将滚动体分布在内圈和外圈之间，其形状大小和数量直接影响着滚动轴承的使用性能和寿命；保持架能使滚动体均匀分布，引导滚动体旋转并起润滑作用。

　　滚动轴承是标准件，由专业轴承厂集中生产，其特点如下。

（1）摩擦阻力小，功率损耗少，转动灵敏。

（2）可同时承受径向和轴向载荷，简化了支承结构。

（3）径向间隙小，还可用预紧方法消除间隙，因此回转精度高。

（4）互换性好，易于维护，润滑简便，价格低。

（5）抗冲击能力差，高速时会出现噪声。

（6）寿命比液体润滑的滑动轴承要短。

（7）径向尺寸大。

一、轴承的分类

1. 按滚动体形状分

　　轴承按滚动体形状分为球轴承、滚子轴承；又可细分为球轴承、圆柱滚子轴承、滚针轴承、圆锥滚子轴承、球面滚子轴承。

2. 按受载方向分

　　轴承按受载方向和公称接触角分为向心轴承和推力轴承。

滚动体与套圈接触处的法线与轴承的径向平面之间的夹角 α 称为公称接触角。

向心轴承：$\alpha = 0°$；

向心推力轴承：$0°<\alpha<90°$；

向心角接触轴承：$0°<\alpha\leqslant 45°$；

推力角接触轴承：$45°<\alpha<90°$；

推力轴承：$\alpha = 90°$。

注意：在径向载荷作用下产生内部轴向力 F_d，其方向是使内外圈分离，所以要成对使用。内部轴向力 F_d 的大小与 α 有关。

二、滚动轴承的简化画法

在工程制图的过程中，轴承简化画法十分常用。轴承种类繁多，不同种类的轴承简化画法也不一样。

1. 深沟球轴承简化画法

深沟球轴承（Deep Groove Ball Bearings）（GB/T 276—2013）是滚动轴承中最为普通的一种类型。基本型的深沟球轴承由一个外圈、一个内圈、一组钢球和一组保持架构成，如图 5-16（a）所示。

2. 圆锥滚子轴承简化画法

如图 5-16（b）所示的圆锥滚子轴承并不只是滚道上有一定锥度，而是滚子必须有一定锥度，而且滚子锥顶点、内外滚道锥顶点必须是同一点并在轴中心线上（类似伞齿轮），否则轴承运动时滚子大小头与滚道就会因相同的角速度、不同的线速度而产生滑动摩擦，导致轴承效率低、发热而损坏轴承。

3. 单列推力球轴承简化画法

如图 5-16（c）所示的单列推力球轴承能在较高的转速下工作。接触角越大，轴向承载能力越高。高精度和高速轴承通常取 15°接触角。在轴向力作用下，接触角会增大。

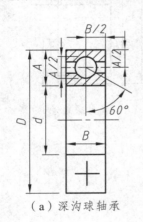

（a）深沟球轴承

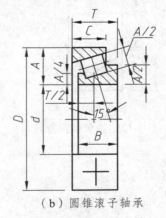

（b）圆锥滚子轴承　　　　（c）推力球轴承

图 5-16　轴承基本绘制

三、轴承的规定画法

滚动轴承不必画零件图。在装配图中，滚动轴承可以用三种画法来绘制，这三种画法是通用画法、特征画法和规定画法。前两种属于简化画法，在同一图样中一般只采用这两种简化画法中的一种。

对于这三种画法，国家标准《机械制图 滚动轴承表示法》（GB/T 4459.7—2017）做了如下规定：

1. 基本规定

通用画法、特征画法、规定画法中的各种符号、矩形线框和轮廓线均用粗实线绘制。

绘制滚动轴承时，其矩形线框和外框轮廓的大小应与滚动轴承的外形尺寸（由手册查出）一致，并与所属图样采用同一比例。

在剖视图中，用通用画法和特征画法绘制滚动轴承时，一律不画剖面符号（剖面线）。采用规定画法绘制时，轴承的滚动体不画剖面线，其各套圈可画成方向和间隔相同的剖面线。如轴承带有其他零件或附件（如偏心套、紧定套、挡圈等），其剖面线应与套圈的剖面线呈现不同方向或不同间隔，在不致引起误解时也允许省略不画。

2. 通用画法

在剖视图中，当不需要确切地表示滚动轴承的外形轮廓、载荷特性、结构特征时，可用矩形线框及位于线框中央正立的十字形符号表示，十字形符号不应与矩形线框接触，如图5-17所示。

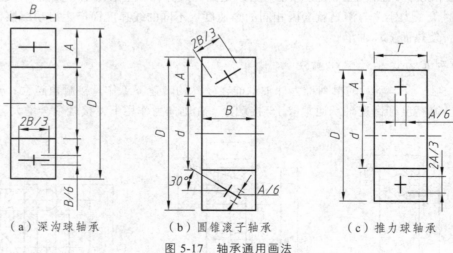

（a）深沟球轴承　　　（b）圆锥滚子轴承　　　（c）推力球轴承

图 5-17　轴承通用画法

四、轴承的特征画法

表 5-2 列出了常用滚动轴承的特征画法和规定画法。

表 5-2　常用滚动轴承的特征画法和规定画法

轴承类型及标准号	特征画法	规定画法
推力球轴承 （51000 型） GB/T 301—2015		
角接触球轴承 （70000 型） GB/T 292—2007		
圆锥滚子轴承 （30000 型） GB/T 297—2015		
深沟球轴承 （60000 型） GB/T 297—2013		
圆柱滚子轴承 （N0000 型） GB/T 283—2007		

第四部分 AutoCAD 三维图转二维工程图

在实际工程运用中，对于一些较复杂的立体，已经很少直接要求工程人员进行机械零件二维工程图的绘制，而是先做好三维图，再将其转换成二维图形。

下面简单介绍 AutoCAD 三维立体图转换成二维三视图的方法。

第一步：打开已进行实体建模的文件，把工作环境（Work Space）切换到 3D 建模模式，如图 5-18 所示。

第二步：输入 VIEWBASE 命令，如图 5-19 所示。

图 5-18　三维建模

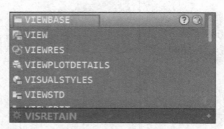

图 5-19　输入 VIEWBASE 命令

第三步：根据 VIEWBASE 命令提示，选择模型空间，如图 5-20 所示。在模型空间选中要生成视图的模型，如图 5-21 所示。

VIEWBASE 指定模型源 [模型空间(M) 文件(F)] <模型空间>:

图 5-20　模型空间

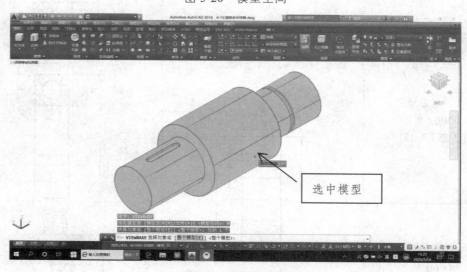

图 5-21　选中模型

第四步：根据命令提示创建布局（Layout），转换到相应的布局页面，也可以选择默认布局 1，如图 5-22 所示。

VIEWBASE 输入要置为当前的新的或现有布局名称或 [?] <布局1>:

图 5-22 创建布局

第五步：进入布局后，确认主视图方向，如图 5-23 所示，然后依次确定俯视图、左视图及轴测图等位置，如图 5-24 所示。

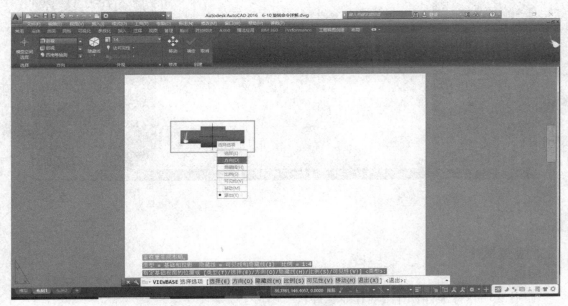

图 5-23 主视图

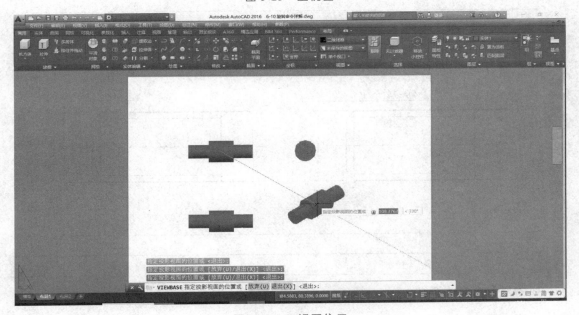

图 5-24 三视图位置

第六步：回车确认后得到零件的三视图及轴测图，如图 5-25 所示。然后按国家标准进行尺寸标注、公差标注，即完成工程图样的标准图样。

189

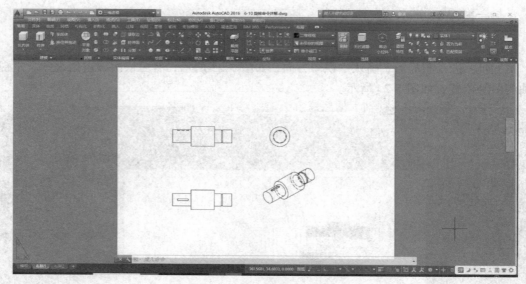

图 5-25　三视图

【检查题】

1. 什么叫作标准件？什么叫作非标件？

_____

_____

_____

2. 请解释图 5-26 中螺纹标注的含义：

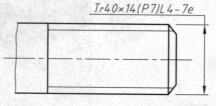

图 5-26　螺纹

_____

_____

_____

3. 螺纹的类型有哪些？

_____

_____

_____

4. 螺距与导程的区别是什么?

_____

_____

_____

5. 请说明图 5-27 中滚动轴承的组成部分有哪些?

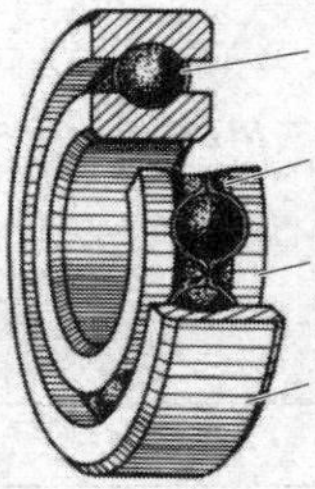

_____

_____

_____

图 5-27　滚动轴承

6. 滚动轴承的牌号 6208 表示什么意思?

_____

_____

_____

7. 普通平键的工作面是哪里?

_____

_____

_____

8. 齿轮的模数是如何定义的?

_____

_____

_____

9. 请解释下面键的牌号含义:
　　　GB/T 1096 键 B12×50

_____

_____

_____

10. 请解释下面销的牌号含义:
　　　GB/T 1192　销 8×30

_____

_____

_____

11. 指出图 5-28 所示的螺栓连接画法错误的地方，并将正确的图形画在右方。

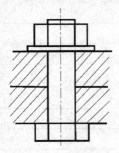

图 5-28　螺栓连接

12. 已知两直齿圆柱齿轮啮合，$m_1 = m_2 = 4$，$z_1 = 20$，$z_2 = 35$，分别计算其齿顶圆、分度圆、齿根圆直径。

_____

_____

引导练习▼

任务一
内六角螺钉的画法

（1）查表确定连接件内六角螺钉的各部分结构参数；
（2）利用 AutoCAD 软件进行实体建模，由实体生成工程图样。
内六角螺钉实物见图 5-29。

图 5-29　内六角螺钉

任务二
单个直齿圆柱齿轮的测绘

（1）测绘零件草图并进行尺寸标注；

（2）利用 AutoCAD 软件进行实体建模，由实体生成工程图样。
直齿圆柱齿轮实物见图 5-30。

图 5-30　直齿圆柱齿轮

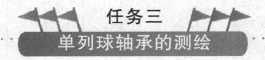

任务三

单列球轴承的测绘

（1）测绘零件草图并进行尺寸标注；
（2）利用 AutoCAD 软件进行实体建模，由实体生成工程图样。
单列球轴承实物见图 5-31。

图 5-31　单列球轴承

工作计划

表 5-3 工作计划

任务：标准件与常用件的画法

序号	工作内容	准备清单 零件/测量工具/绘图工具	工作安全	工作时间	
				计划	实际

194

考核评分

表 5-4 考核评分

情景五：标准件与常用件的画法

序号	评分点	结果评价			组织形式 个人工作□ 小组工作□ 小组协同工作□			
		工作评价			个人评价	小组评价	教师评价	最终评分分数
		工作要求	权重					
1	标准件与常用零件图的识读	表达方案描述准确，尺寸公差与技术要求识读无误	0.2					
2	检查题	回答正确，展示效果良好	0.2					
3	工作计划	有详细的工作部署和安排，流程规范，可操作性强	0.2					
4	AutoCAD零件图	能根据实体进行工程图的生成，位置安放合理，表达清晰	0.2					
5	尺寸标注	标注规范，符合国家标准	0.1					
6	公差的识读	识读准确，能理解尺寸公差、形位公差和表面粗糙度的含义	0.1					
	综合评价得分	（转化为百分制）						
班级					小组			

备注：个人评价分数分 0、2、4、6、8、10，按与工作实际要求的符合性评分。
小组评价分数分 0、2、4、6、8、10，按组内与工作实际要求的符合性的相近程度排序得分。
教师评价分数按个人评价分数与小组评价分数符合程度分 0、5、10 评分，两个成绩相一致为 10 分，相差一级为 5 分，相差两级及以
上为 0 分。最终评价分数参考以上三者情况，根据权重评分。

装配图的识读

　　本项目主要学习装配图的内容与作用、装配图中常用的表达方法、装配图的画法、识读装配图的方法和步骤以及尺寸配合和形位公差的识读，并在引导任务中学习利用 AutoCAD 进行各组件的仿真装配和装配图的生成。

知识目标▽

（1）了解装配图的内容和作用；
（2）了解装配图的类型；
（3）了解装配图的常见表达形式。

能力目标▽

（1）能识读装配图的视图表达方案；
（2）能识读千斤顶的配合尺寸要求和公差要求；
（3）能查阅识读组件中的标准件；
（4）能利用 AutoCAD 进行组件的建模；
（5）能利用 AutoCAD 进行组件的仿真装配。

任务布置▽

识读千斤顶的装配图
（1）识读千斤顶的装配图，根据装配图列出零件清单；
（2）查表识读组件中标准件的牌号；
（3）根据装配图拆画零件图；
（4）利用 AutoCAD 进行各组件的仿真装配。
千斤顶装配图见图 6-1。

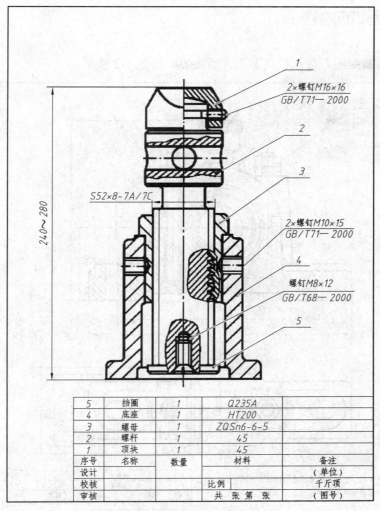

5	挡圈	1	Q235A	
4	底座	1	HT200	
3	螺母	1	ZQSn6-6-5	
2	螺杆	1	45	
1	顶块	1	45	
序号	名称	数量	材料	备注
设计				（单位）
校核			比例	千斤顶
审核			共 张 第 张	（图号）

图 6-1 千斤顶装配图

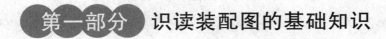 识读装配图的基础知识

一、装配图的作用

装配图主要表达机器或部件的工作原理、装配关系、结构形状和技术要求，是了解机器结构、分析机器工作原理和功能的技术文件，也是指定装配工艺，进行机器装配、检验、安装和维修的主要依据。在设计机器或部件时，一般先根据设计思想画出装配示意图，再根据装配示意图画出装配图，最后根据装配图画出各部分的零件图。

二、装配图的内容

一张完整的装配图一般包括以下几方面内容，如图 6-2 所示。

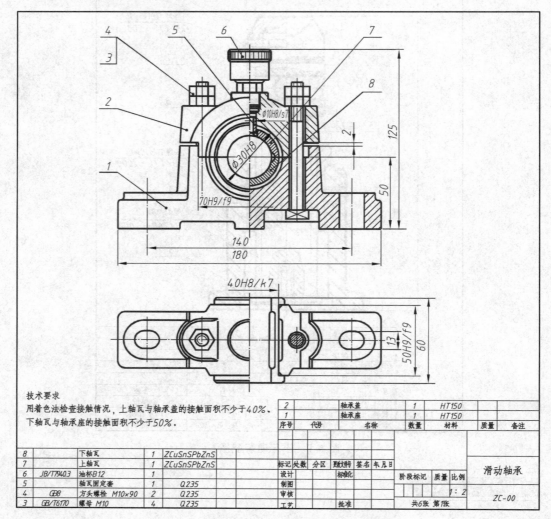

图 6-2　滑动轴承装配图

1. 一组视图

根据产品的具体结构，选用适当的表达方式，用一组视图正确、清晰、完整地表达工作原理、各组成零件间的相互位置和装配关系以及主要零件的结构形状。

2. 必要的尺寸

装配图不需要像零件图那样标注出零件的所有尺寸，只需要标注机器或部件的规格尺寸、配合尺寸、安装尺寸、外形尺寸和检验尺寸等；在设计过程中，经过计算而确定的重要尺寸也必须标注在装配图上。

（1）规格尺寸在设计时已确定，它是设计机器和选用机器的重要依据。

（2）配合尺寸是指两零件间有配合要求的尺寸，一般要标注出尺寸和配合代号，如图 6-2 中的 40H8/k7。

（3）安装尺寸是指将机器、部件安装在地基上、其他机器或部件上所需要的尺寸。

（4）外形尺寸是指机器或部件的外形轮廓尺寸，如总高、总宽、总长等尺寸，如图 6-2 中的 125、60、180。

3. 技术要求

在装配图的空白处用文字和符号等说明对装配体的工作性能、装配要求和调试等方面的有关条件或技术要求。

4. 标题栏、零件序号和明细栏

为了便于看图和生产管理，在装配图上必须对每种零件编写序号，每种零件的序号要与明细栏中的序号一致。标题栏中要填明部件的名称、设计者姓名和设计单位等。

三、装配图的一般表达方案

1. 规定画法

零件图所采用的各种表达方式，如视图、剖视、断面和局部放大图等也同样适用于装配图。但零件图仅仅表达一个零件，而装配图所表达的对象是由许多零件组成的装配体。零件图主要表达某一个零件的结构形状、大小和有关的技术要求，是加工零件的主要依据。而装配图主要表达机器的工作原理和各零件间的装配关系等，所以国家标准制定了装配图的规定画法和特殊表达方法。

（1）相邻两零件接触表面和配合面规定只画一条线，不接触和非配合表面画两条线，如图 6-3 所示。

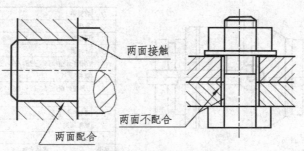

图 6-3　接触表面和非接触表面的画法

（2）两零件邻接时，不同零件的剖面线方向应相反，或者方向一致、间隔不等；同一零件在各个视图上的剖面线方向和间隔必须一致；零件厚度小于等于 2 mm，剖切时允许涂黑代替剖面线，如图 6-4 所示。

（3）剖切平面通过螺纹连接件和实心杆件的轴线或对称平面时，按不剖绘制，如图 6-5 所示；必要时，可采用局部剖视。但剖切平面垂直它们的轴线时，应画剖面线。

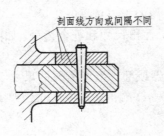

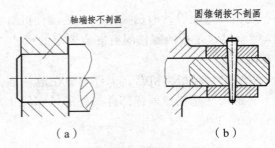

图 6-4　剖面线方向一致、
间隔不等的画法

图 6-5　剖切平面通过实心杆的
轴线或对称平面

2. 特殊画法

为使装配图能简便、清晰地表达出部件中某些组成部分的形状特征，国家标准还规定了以下特殊画法和简化画法。

（1）拆卸画法：就是拆去某些零件的画法，例如图 6-6 球阀装配的左视图，就是拆去手柄 10 后绘制出来的。拆卸范围可根据需要灵活选择：半拆、全拆、局部拆。

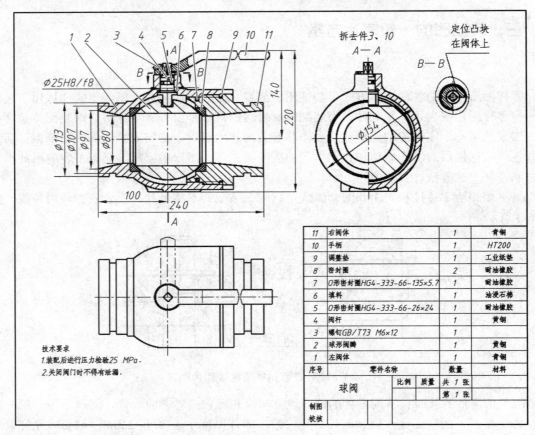

图 6-6　球阀装配图

（2）假想画法：用双点画线画出机件的投影。假想画法适用于下列情况：表达与相邻零件或部件的安装连接关系；表达运动零件的运动范围或极限位置。

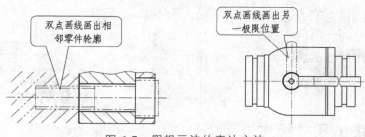

图 6-7　假想画法的表达方法

（3）夸大画法：非配合面的微小间隙、薄垫片、细弹簧等，若无法按实际尺寸画出时，可不按比例而采用夸大画法，如图 6-8 所示。

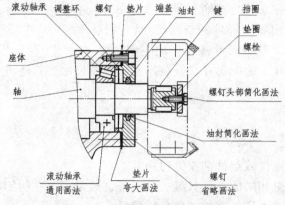

图 6-8　夸大画法和简化画法

（4）简化画法：装配图上若干个相同的零件组，如螺钉连接等，允许详细地画出一组，其余只画出中心线位置。

滚动轴承可用简化画法或示意画法表示。油封（密封圈）在装配图的剖视图中可只画一半，另一半用相交的细实线表示。

装配图上的零件工艺结构，如退刀槽、倒角、倒圆等，允许省略不画，如图 6-8 所示。

（5）单独表达某个零件的画法：当某个零件的形状未表达清楚而影响对部件的工作情况、装配关系等的理解时，可单独表达该零件，如图 6-9 所示。

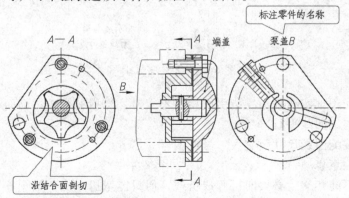

图 6-9　单独表达某个零件的画法

（6）展开画法：为了表达不在同一平面内多个平行轴上零件和轴与轴之间的传动关系，可按传动顺序沿各轴线剖开，然后依次展开画在同一平面上，并标注"X—X展开"，如图6-10所示。

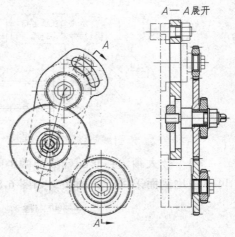

图6-10　展开画法

四、装配图的尺寸标注

（一）尺寸标注

由于装配图主要用来表达零部件的装配关系，所以在装配图中不需要注出每个零件的全部尺寸，而只需注出一些必要的尺寸。这些尺寸按其作用不同，可分为以下五类：规格尺寸、装配尺寸、安装尺寸、外形尺寸、其他重要尺寸。

（二）零件序号

零件序号编写规则：

（1）装配图中每种零件或组件都要编写序号。

（2）形状、尺寸完全相同的零件只编一个序号，数量填写在明细栏内。

（3）形状相同而尺寸不同的零件，要分别编号。

（4）图中序号与明细表中序号一致。

编写序号的方法：序号由点、指引线、横线（或圆圈）和序号数字组成，如图6-11所示。

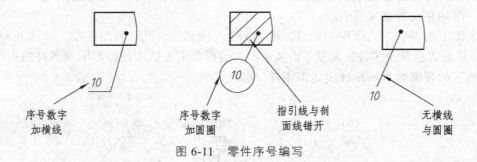

序号数字加横线　　序号数字加圆圈　　指引线与剖面线错开　　无横线与圆圈

图6-11　零件序号编写

指引线、横线用细实线画出。指引线相互不交错，当指引线通过剖面线区域时，应与剖面线斜交，避免与剖面线平行。

序号数字比装配图的尺寸数字大一号或两号。

编写序号的注意事项：

（1）指引线不能相交，必要时可画成折线，但只能弯折一次，如图6-12所示。

（2）标准件可采用公共指引线编号，如图6-13所示。

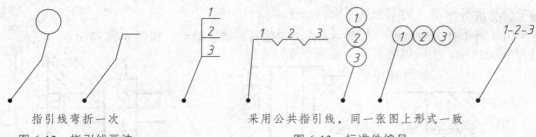

| 指引线弯折一次 | | 采用公共指引线，同一张图上形式一致 |

图 6-12　指引线画法　　　　　　　图 6-13　标准件编号

（3）标准化组件（如轴承）可看为一个整体，只编一个号。

（4）编号应按顺时针或逆时针方向顺序编号，全图按水平或垂直方向排列整齐。

（5）薄零件或涂黑的剖面内不便画圆点，可在指引线的末端画出箭头。

（三）明细栏和标题栏

（1）明细栏是机器或部件中全部零部件的详细目录，应画在标题栏的上方，如图 6-14 所示。

（2）零部件的序号应自下而上填写，空间不够时，可将明细栏分段画在标题栏的左方，如图 6-14 所示。

16	垫圈GB/T96 6	1	65Mn	6	轴承GB/T297-94 30307	2	
15	螺栓GB/T5783 M6×20	1	Q235A	5	键GB/T1096 8×40	1	45
14	挡圈GB/T892 B32	1	35	4	胶带轮 A型	1	HT150
13	键GB/T1096 6×20	2	45	3	销GB/T119 3×12	1	35
12	毡圈	2	半粗羊毛毡	2	螺钉GB/T68 M6×18	1	Q235A
11	端盖	2	HT200	1	挡圈GB/T891 35	1	35
10	螺钉GB/T70 M8×25	12	Q235A	序号	零件名称	数量	材料
9	调整环	1	30		铣刀头	比例	质量	共 1 张
8	座体	1	HT200			1：2		第 1 张
7	轴	1	45	制图				
				校核				

图 6-14　明细栏和标题栏

（3）当明细栏不能配置在标题栏的左方时，可作为装配图的续页，按 A4 幅面单独绘制，其填写顺序应自上而下。

（四）技术要求的注写

当技术要求在视图上不能表达清楚时，应在标题栏上方或左方空白处用文字说明。技术要求的内容应简明扼要、通顺易懂。

技术要求的条文应编顺序号，仅一条时不写顺序号。如另编有单独的《技术条件》时，装配图上可不注写技术要求。

五、装配图的常见结构

在设计和绘制装配图时，应考虑装配结构的合理性，以保证机器或部件的使用及零件的加工、装拆方便。

（1）两零件的接触面，在同一方向上只能有一对接触面，如图 6-15 所示。

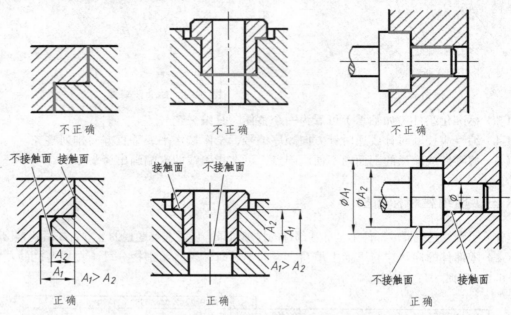

图 6-15 常见装配结构绘制方法

（2）两圆锥面配合时，圆锥体的端面与锥孔的底部之间应留空隙，如图 6-16 所示。

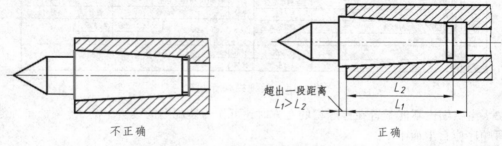

图 6-16 常见装配结构圆锥配合的绘制方法

（3）滚动轴承如以轴肩或孔肩定位，则轴肩或孔肩的高度须小于轴承内圈或外圈的厚度，以便于维修时容易拆卸，如图 6-17 所示。

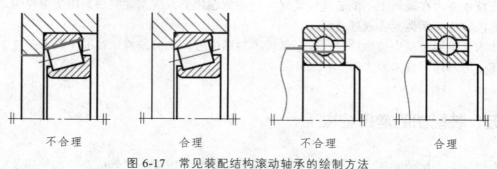

图 6-17 常见装配结构滚动轴承的绘制方法

（4）滚动轴承常需密封，防止润滑油外流或外部灰尘等侵入。常用的密封件如毡圈、油封等均为标准件。画图时，密封件要紧套在轴上，且轴承盖的孔径大于轴径，应有间隙，如图 6-18 所示。

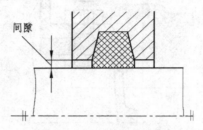

图 6-18　常见装配结构滚动轴承密封时的绘制方法

（5）对承受振动或冲击的部件，为防止螺纹连接的松脱，可采取防松装置，如图 6-19 所示。

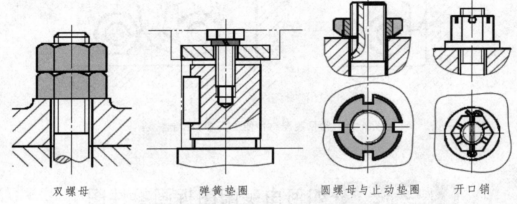

双螺母　　　　　　　　弹簧垫圈　　　　　　圆螺母与止动垫圈　　　　开口销

图 6-19　常见装配结构防松时的绘制方法

（6）在阀类零件和其他管道零件中，如采用填料密封装置防止流体外泄，可按压盖在开始压紧的位置画出，如图 6-20 所示。

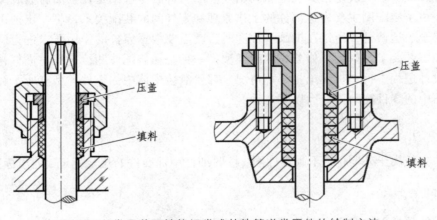

图 6-20　常见装配结构阀类或其他管道类零件的绘制方法

（7）为便于拆装，必须留出装拆螺栓的空间与扳手的空间，或加工孔和工具孔，如图 6-21 所示。

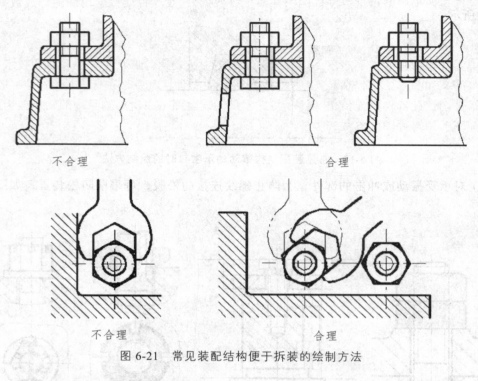

图 6-21　常见装配结构便于拆装的绘制方法

第二部分　如何由装配图拆画零件图

在设计过程中，一般是根据装配图画出零件图。拆画零件图是在全面看懂装配图的基础上进行的。由于装配图主要表达部件的工作原理和零件间的装配关系，不一定把每个零件的结构形状完全表达清楚，所以在拆画零件图时，就需要根据零件的作用要求进行设计，使其符合设计和工艺要求。拆图工作分为两种类型：一种是在装配体测绘过程中进行；另一种是在新产品设计过程中拆画。无论是哪种情况，都要对装配体中的零件类型有所了解。

装配图中的零件类型可分为以下几种：

1. 标准件

标准件一般属于外购件，不画零件图，按明细栏中标准件的规定标记，列出标准件即可。

2. 借用零件

借用零件是借用定型产品上的零件，这类零件可用定型产品的已有图样，不拆画。

3. 重要设计零件

在设计说明书中给出这类零件的图样或重要数据,此类零件应按给出的图样或数据绘图。

4. 一般零件

这类零件是拆画的主要对象,应按照在装配图中所表达的形状、大小和有关技术要求来拆画零件图。如图 6-2 滑动轴承装配图,共 8 种主要零件,其中 2 种标准件,6 种一般零件,需拆画零件图。此部件中无借用零件和特殊零件。现以图 6-2 滑动轴承中的轴承盖为例,说明由装配图拆画零件图的方法和步骤。

一、分离零件,构思其形状

根据装配图的装配关系,利用投影关系和剖面线的方向、距离来分离零件,并分析所拆零件的作用及结构形状。下面以滑动轴承为例,介绍轴承盖分离零件的方法。

1. 利用序号指引线

查看主视图,从序号 2 的指引线起端圆点,可以看到轴承盖的位置和大致轮廓范围,从而知道它的位置位于轴承座的上方,中心对称位置。

2. 用投影关系和形体分析法

查看主视图,联系俯视图,对于投影,用形体分析法可知,轴承盖下半部分为圆柱形,上半部分开有两个标准螺纹孔,呈对称形,且可以看出其各孔的具体位置。

3. 利用剖面线、规定画法和配合代号

(1)轴承盖 2 与轴承座 1 在主视图中,采用半剖的形式表达出两个零件之间剖面线方向不同,但接触面画成一条线,且侧圆孔处有非剖面线,因此从主视图可观察到轴承盖为阶梯形内孔。

(2)轴承盖 2 与方头螺栓 4 连接处,上面有螺母 3 紧固,轴承盖 2 光孔处与方头螺栓 4 接触处为两条线,且方头螺栓受纵向剖切,但没有绘制剖面线,表示此处轴承盖 2 与方头螺栓 4 为螺纹连接,可知轴承座此处为螺纹通孔。

综合上述阅读分析方法和分析过程,便可完整地想象出轴承盖的轮廓形状及相应孔的结构和相对位置,从而将零件从装配图中分离出来。

二、确定零件的视图表达方案

装配图的表达是从整个装配体的角度来考虑的,因此装配图的方案不一定适合每个零件的表达需要,在拆图时,不宜照搬装配图中的方案,而应根据零件的结构形状,进行全面考虑。有的对原方案只需做适当调整或补充，有的则需重新确定。

1. 视图的选择

如轴承盖，其结构具有对称性，装配图中的主视图，既反映其工作位置，又反映其形状特征，所以这一位置仍作为零件图的主视图的位置，且主视图同样绘制成半剖视。

2. 他视图的选择

轴承盖的上部螺孔的位置、内部情况和轴承盖前后两端面的凸台未表达清楚，所以俯视图依然采用不剖原则，表达轴承座外面的基本结构。

3. 关于零件未视结构的补充

对装配图中未表达完全的结构，要根据零件的作用和装配关系重新设计。根据国家标准的有关规定，零件上的一些标准工艺结构在装配图上可以省略，因此在拆画零件图时，应该予以恢复。如铸造圆角、倒角和退刀槽等，都应在零件图中表达清楚，使零件的结构形状表达得更为完整。

从图 6-22 所示的滑动轴承装配图可知，轴承盖在装配图的视图中不能完全满足零件图的表达要求，未形象地将轴承盖内孔的阶梯形状表达出来，因此应该增加一个左视图，且采用半剖的形式，以完整、清楚、简单地表达出轴承盖的结构形状。

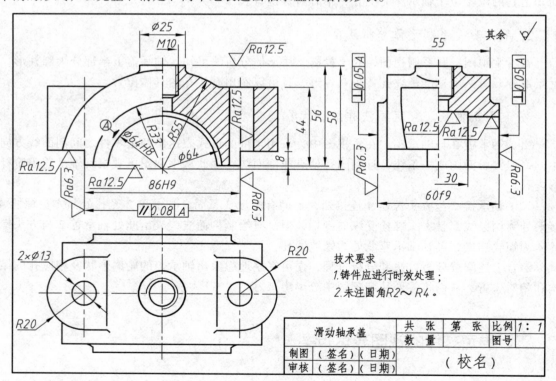

图 6-22　轴承盖零件图

三、零件尺寸的确定

要按照正确、齐全、清晰、合理的要求，标注所拆画零件图上的尺寸。拆画的零件图，其尺寸来源可从以下几方面确定。

1. 抄　注

装配图上注出的尺寸除某些外形尺寸和装配时需要调整的尺寸外，可以直接移到相关零件图上。凡注有配合代号的尺寸，应根据公差代号在零件图上注出公差带代号或极限偏差数值。

2. 查　取

对于一些标准结构，如沉孔、螺栓通孔的直径、键槽尺寸、螺纹、倒角等，应查阅有关标准。对于齿轮，应根据模数、齿数通过计算确定其参数和相应尺寸。

3. 计　算

零件的某些尺寸数值，需根据装配图给定的有关尺寸和参数，经过必要的计算或校核来确定，并不许圆整。如齿轮的分度圆直径，可根据模数和齿数或齿数和中心距计算确定。

4. 量　取

装配图中没有标注的其余尺寸，应按装配图的比例在装配图上直接量取后算出，并按标准系列适当调整，使之尽量符合标准长度或标准直径的数值。如轴承盖零件图中，除抄注、查取的尺寸外，其余尺寸都是从装配图中最后确定的。

根据上述尺寸来源，配齐拆画的零件图上的尺寸。标注尺寸时，要恰当选择尺寸和标注形式。与相关零件的配合尺寸、相对位置尺寸，应协调一致，避免发生矛盾，同时功能尺寸应准确无误。

四、零件的技术要求

根据零件的作用，结合设计要求查阅有关手册或资料、相近产品的零件图来确定所拆画零件图上的表面粗糙度、尺寸公差、形位公差、热处理和表面处理等技术要求，如图 6-22 所示。经上述步骤即完成所拆画的零件图。

五、拆画零件图应注意的问题

（1）在装配图中简化的零件工艺结构如倒角、铸造圆角、退刀槽等，在零件图中应全部画出。

（2）零件的视图表达方案应根据零件的结构形状确定，而不能盲目照抄装配图。要从零件的整体结构形状出发选择视图。箱体类零件主视图应与装配图一致；轴类零件应按加工位置选择主视图；叉架类零件应按工作位置或摆正后选择主视图；其他视图应根据零件的结构形状和复杂程度来选定。

（3）装配图中已标注的尺寸，是设计时确定的重要尺寸，不应随意改动。

（4）标注表面粗糙度、公差配合、形位公差等技术要求时，要根据装配图所示该零件在机器中的功用、与其他零件的相互关系，并结合自己掌握的结构和制造工艺而定。

【检查题】

1. 装配图的作用有哪些？

_____

_____

2. 装配图包含哪些具体内容？

_____

_____

3. 装配图的尺寸标注有什么要求？

_____

_____

4. 装配图有哪些特殊画法？

_____

_____

5. 在装配图中，什么叫作配合尺寸？

_____

_____

6. 装配图在拟订技术要求时一般会从哪几个方面考虑？

_____

_____

7. 装配图的明细栏一般包含哪些类内容？

_____

_____

_____

8. 由装配图拆画零件图有哪些需要注意的问题？

_____

_____

_____

任务一
识读球阀的装配图

识读球阀的装配图（见图 6-23），完成下列填空。

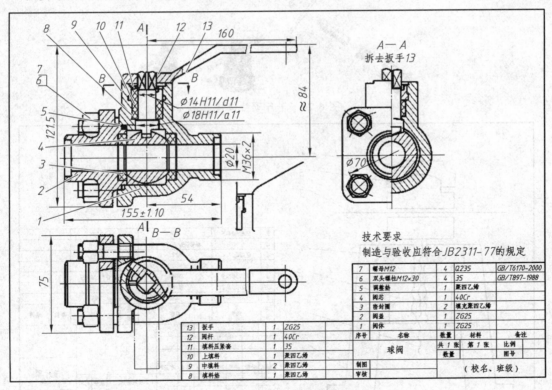

图 6-23　球阀装配图

（1）装配图的名称是_____，共由_____个零件组成。

（2）这张装配图是由_____个视图组成，主视图采用_____图，俯视图采用＿＿＿＿＿＿＿＿＿，A—A 是＿＿＿＿＿＿＿＿＿＿＿＿图。

（3）装配图中 $\phi14H11/d11$ 表示＿＿＿＿＿＿＿＿＿＿＿配合。

（4）M36×2 中，M 是＿＿＿＿＿＿＿＿＿＿＿＿代号，表示＿＿＿＿＿＿＿＿＿＿螺纹，36 是＿＿＿＿＿＿＿＿＿＿＿，2 是＿＿＿＿＿＿＿＿＿＿＿。

（5）根据装配图拆画阀芯、阀杆、压紧套、扳手的零件图。（拓展）

任务二
绘制螺旋千斤顶的装配图

（1）识读千斤顶各组件的零件图；

（2）完成 AutoCAD 装配图；

（3）利用 AutoCAD 进行螺旋千斤顶各零件建模；

（4）利用 AutoCAD 进行螺旋千斤顶的仿真装配。

千斤顶立体图见图 6-24，千斤顶装配示意图见图 6-25，千斤顶各组件的零件图见图 6-25 ~ 图 6-30，螺旋千斤顶的装配位置见图 6-31。

图 6-24　千斤顶立体图

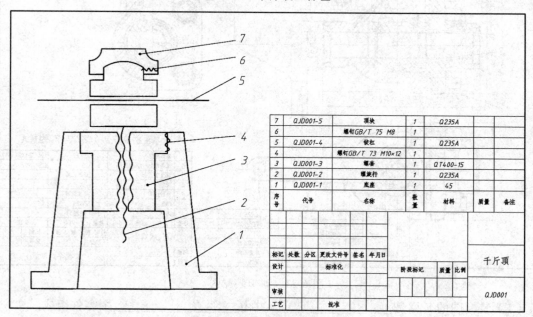

7	QJD001-5	顶块	1	Q235A	
6		螺钉GB/T 75 M8	1		
5	QJD001-4	铰杠	1	Q235A	
4		螺钉GB/T 73 M10×12	1		
3	QJD001-3	螺套	1	QT400-15	
2	QJD001-2	螺旋杆	1	Q235A	
1	QJD001-1	底座	1	45	
序号	代号	名称	数量	材料	质量　备注

图 6-25　千斤顶装配示意图

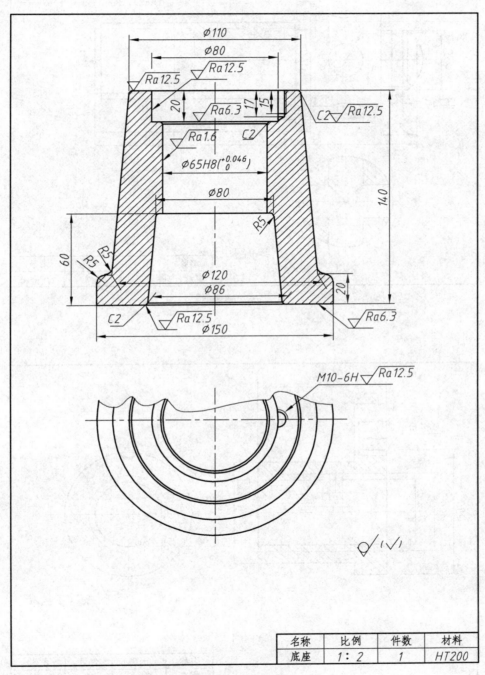

名称	比例	件数	材料
底座	1:2	1	HT200

图 6-26 底座

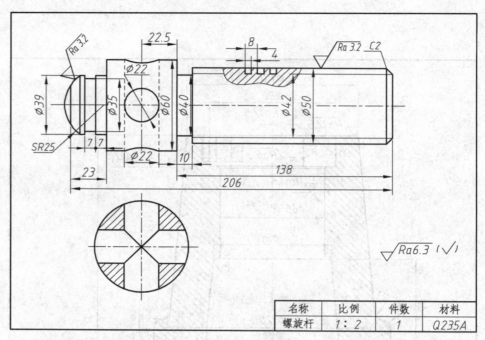

图 6-27　螺旋杆

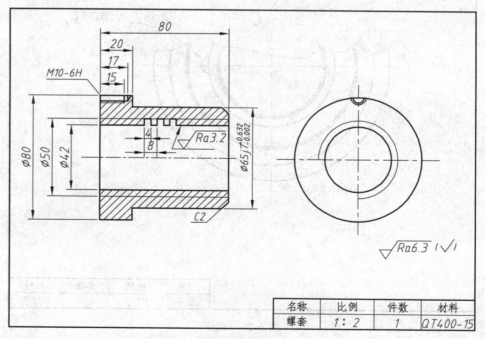

图 6-28　螺套

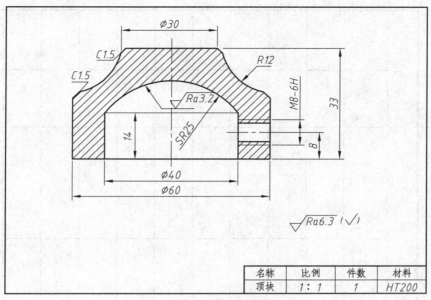

图 6-29 顶块

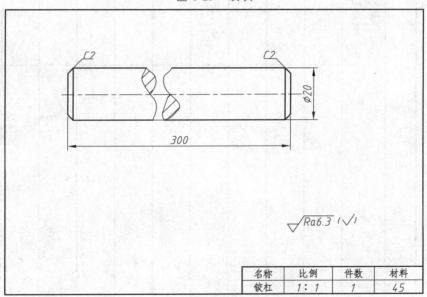

图 6-30 铰杠

图 6-31 螺旋千斤顶的装配位置

工 作 计 划

表 6-1 工作计划

任务：零件图的绘制

序号	工作内容	准备清单 零件测量工具/绘图工具	工作安全	工作时间	
				计划	实际

考核评分

表6-2 考核评分

情景六：装配图的绘制

序号	评分点	结果评价 工作评价		组织形式 个人工作□ 小组协同工作□			
		工作要求	权重	个人评价	小组评价	教师评价 最终评价分数
1	装配图的识读	表达方案描述准确，尺寸公差与技术要求识读无误	0.2			
2	检查题	回答正确，展示效果良好	0.2			
3	工作计划	有详细的工作部署和安排，流程规范，可操作性强	0.1			
4	零件清单	零件完整，填写合理	0.1			
5	尺寸标注	标注规范，符合国家标准	0.1			
6	公差的识读	识读准确，能理解尺寸公差、形位公差和表面粗糙度的含义	0.1			
7	螺旋千斤顶装配图	方案表达合理，图面整洁，符合装配图投影要求	0.2			
	综合评价得分	（转化为百分制）			小组	
	班级					

备注：个人评价分数为 0、2、4、6、8、10，按与工作实际要求的符合性评分。
小组评价分数为 0、2、4、6、8、10，按组内与工作实际要求的符合程度的相近程度排序得分。
教师评价分数按个人评价分数与小组评价分数的符合程度 0、5、10 评分，两个成绩相一致为 10 分，相差一级为 5 分，相差两级及以上为 0 分。最终评价分数参考以上三者情况，根据权重评分。

附　录

附录一　常用螺纹

1. 普通螺纹（摘自 GB/T 193—2003，GB/T 196—2003）

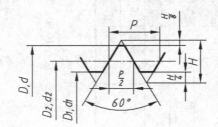

$$H=\frac{\sqrt{3}}{2}P$$

公称直径20，螺距为2.5，右旋普通粗牙螺纹的规定标记：M20
公称直径20，螺距为1.5，右旋普通细牙螺纹的规定标记：M20×1.5

附表 1-1　普通螺纹直径与螺距系列、基本尺寸　　　　　单位：mm

公称直径 D,d		螺距 P		粗牙小径 D_1, d_1	公称直径 D,d		螺距 P		粗牙小径 D_1, d_1
第一系列	第二系列	粗牙	细牙		第一系列	第二系列	粗牙	细牙	
3		0.5	0.35	2.459		22	2.5	2,1.5,1,(0.75),(0.5)	19.294
	3.5	(0.6)		2.850	24		3	2,1.5,1,(0.75)	20.752
4		0.7		3.242		27	3	2,1.5,1,(0.75)	23.752
	4.5	(0.75)	0.5	3.688					
5		0.8		4.134	30		3.5	(3),2,1.5,1,(0.75)	26.211
6		1	0.75, (0.5)	4.917		33	3.5	(3),2,1.5,(1),(0.75)	29.211
8		1.25	1,0.75,(0.5)	6.647	36		4	3,2,1.5,(1)	31.670
10		1.5	1.25,1,0.75,(0.5)	8.376		39	4		34.670
12		1.75	1.5,1.25,1,(0.75),(0.5)	10.106	42		4.5		37.129
	14	2	1.5,(1.25)*,1, (0.75), (0.5)	11.835		45	4.5	(4),3,2,1.5,(1)	40.129
16		2	1.5,1,(0.75),(0.5)	13.835	48		5		42.587
	18	2.5		15.294		52	5		46.587
20		2.5	2,1.5,1,(0.75),(0.5)	17.294	56		5.5	4,3,2,1.5,(1)	50.046

注：① 优先选用第一系列，括号内尺寸尽可能不用。
　　② 中径 D_2，d_2 未列入。

附表 1-2　细牙普通螺纹螺距与小径的关系　　　　　　　　　　　　单位：mm

螺距 P	小径 D_1，d_1	螺距 P	小径 D_1，d_1	螺距 P	小径 D_1，d_1
0.35	$d-1+0.621$	1	$d-2+0.918$	2	$d-3+0.835$
0.5	$d-1+0.459$	1.25	$d-2+0.647$	3	$d-3+0.752$
0.75	$d-1+0.188$	1.5	$d-2+0.376$	4	$d-3+0.670$

注：表中的小径按 $D_1 = d_1 = d - 2 \times \dfrac{5}{8}H$，$H = \dfrac{\sqrt{3}}{2}P$ 计算得出。

2. 梯形螺纹（摘自 GB/T 5796.2—2005、GB/T 5796.3—2005）

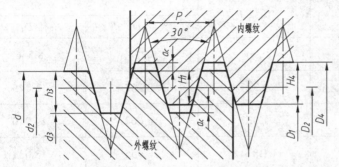

1、公称直径为 40mm、导程和螺距为 7mm 的右旋单线梯形螺纹标记为：Tr40×7

2、公称直径为 40mm、导程为 14mm，螺距为 7mm 的左旋双线梯形螺纹标记为：Tr40×14(P7)LH

附表 1-3　梯形螺纹直径与螺距系列、基本尺寸　　　　　　　　　　单位：mm

公称直径 d 第一系列	第二系列	螺距 P	中径 $d_2=D_2$	大径 D_4	小径 d_3	小径 D_1	公称直径 d 第一系列	第二系列	螺距 P	中径 $d_2=D_2$	大径 D_4	小径 d_3	小径 D_1
8		1.5	7.25	8.30	6.20	6.50			3	24.50	26.50	22.50	23.00
	9	1.5	8.25	9.30	7.20	7.50		26	5	23.50	26.50	20.50	21.00
		2	8.00	9.50	6.50	7.00			8	22.00	27.00	17.00	18.00
10		1.5	9.25	10.30	8.20	8.50			3	26.50	28.50	24.50	25.00
		2	9.00	10.50	7.50	8.00	28		5	25.50	28.50	22.50	23.00
	11	2	10.00	11.50	8.50	9.00			8	24.00	29.00	19.00	20.00
		3	9.50	11.50	7.50	8.00			3	28.50	30.50	26.50	29.00
12		2	11.00	12.50	9.50	10.00		30	6	27.00	31.00	23.00	24.00
		3	10.50	12.50	8.50	9.00			10	25.00	31.00	19.00	20.00
	14	2	13.00	14.50	11.50	12.00			3	30.50	32.50	28.50	29.00
		3	12.50	14.50	10.50	11.00	32		6	29.00	33.00	25.00	26.00
16		2	15.00	16.50	13.50	14.00			10	27.00	33.00	21.00	22.00
		4	14.00	16.50	11.50	12.00			3	32.50	34.50	30.50	31.00
	18	2	17.00	18.50	15.50	16.00		34	6	31.00	35.00	27.00	28.00
		4	16.00	18.50	13.50	14.00			10	29.00	35.00	23.00	24.00
20		2	19.00	20.50	17.50	18.00			3	34.50	36.50	32.50	33.00
		4	18.00	20.50	15.50	16.00	36		6	33.00	37.00	29.00	30.00
		3	20.50	22.50	18.50	19.00			10	31.00	37.00	25.00	26.00
	22	5	19.50	22.50	16.50	17.00			3	36.50	38.50	34.50	35.00
		8	18.00	23.00	13.00	14.00		38	7	34.50	39.00	30.00	31.00
		3	22.50	24.50	20.50	21.00			10	33.00	39.00	27.00	28.00
24		5	21.50	24.50	18.50	19.00			3	38.50	40.50	36.50	37.00
		8	20.00	25.00	15.00	16.00	40		7	36.50	41.00	32.00	33.00
									10	35.00	41.00	29.00	30.00

3. 非螺纹密封的管螺纹（摘自 GB/T 7307—2001）

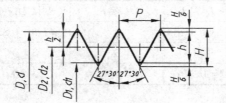

尺寸代号为2的右旋圆柱内螺纹的规定标记为：G2

尺寸代号为3的A级左旋圆柱外螺纹的规定标记为：G3A-LH

附表1-4　管螺纹的尺寸代号与螺距、基本尺寸　　　　单位：mm

尺寸代号	每 25.4 mm 内的牙数 n	螺距 P	基本直径	
			大径 D, d	小径 D_1, d_1
$\frac{1}{8}$	28	0.907	9.728	8.566
$\frac{1}{4}$	19	1.337	13.157	11.445
$\frac{3}{8}$	19	1.337	16.662	14.950
$\frac{1}{2}$	14	1.814	20.955	18.631
$\frac{5}{8}$	14	1.814	22.911	20.587
$\frac{3}{4}$	14	1.814	26.441	24.117
$\frac{7}{8}$	14	1.814	30.201	27.877
1	11	2.309	33.249	30.291
$1\frac{1}{8}$	11	2.309	37.897	34.939
$1\frac{1}{4}$	11	2.309	41.910	38.952
$1\frac{1}{2}$	11	2.309	47.803	44.845
$1\frac{3}{4}$	11	2.309	53.746	50.788
2	11	2.309	59.614	56.656
$2\frac{1}{4}$	11	2.309	65.710	62.752
$2\frac{1}{2}$	11	2.309	75.184	72.226
$2\frac{3}{4}$	11	2.309	81.534	78.576
3	11	2.309	87.884	86.405

附录二 常用螺纹紧固件

1. 螺　栓

六角头螺栓—C 级（GB/T 5780—2016）、六角头螺栓—A 级和 B 级（GB/T 5782—2016）

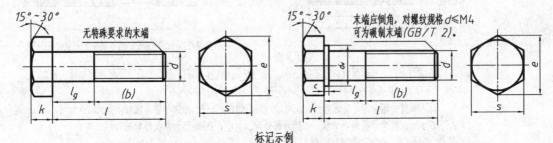

标记示例

螺纹规格 d=M12、公称长度 l=80mm、性能等级为4.8级、不经表面处理、产品等级为C级的六角头螺栓的标记：螺栓 GB/T 5780 M12X80

附表 2-1　六角头螺栓相关参数　　　　　　　　单位：mm

螺纹规格 d			M3	M4	M5	M6	M8	M10	M12	M16	M20	M24	M30	M36	M42
b 参考	$l \leqslant 125$		12	14	16	18	22	26	30	38	46	54	66	—	—
	$125 < l \leqslant 200$		18	20	22	24	28	32	36	44	52	60	72	84	96
	$l > 200$		31	33	35	37	41	45	49	57	65	73	85	97	109
c			0.4	0.4	0.5	0.5	0.6	0.6	0.6	0.8	0.8	0.8	0.8	0.8	1
d	产品等级	A	4.57	5.88	6.88	8.88	11.63	14.63	16.63	22.49	28.19	33.61	—	—	—
		B，C	4.45	5.74	6.74	8.74	11.47	14.47	16.47	22	27.7	33.25	42.75	51.11	59.95
e	产品等级	A	6.01	7.66	8.79	11.05	14.38	17.77	20.03	26.75	33.53	39.98	—	—	—
		B，C	5.88	7.50	8.633	10.89	14.20	17.59	19.85	26.17	32.95	39.55	50.85	60.79	72.02
k 公称			2	2.8	3.5	4	5.3	6.4	7.5	10	12.5	15	18.7	22.5	26
r			0.1	0.2	0.2	0.25	0.4	0.4	0.6	0.6	0.8	0.8	1	1	1.2
s 公称			5.5	7	8	10	13	16	18	24	30	36	46	55	65
l(商品规格范围)			20~30	25~40	25~50	30~60	40~80	45~100	50~120	65~160	80~200	90~240	110~300	140~360	160~440
l 系列			12,16,20,25,30,35,40,45,50,55,60,65,70,80,90,100,110,120,130 140,150,160,180,200,220,240,260,280,300,320,340,360,380,400,420,440,460,480,500												

注：① A 级用于 $d \leqslant 24$ 和 $l \leqslant 10d$ 或 $\leqslant 150$ 的螺栓；

　　　B 级用于 $d > 24$ 和 $l > 10d$ 或 > 150 的螺栓。

　　② 螺纹规格 d 范围：GB/T 5780 为 M5～M64；GB/T 5782 为 M1.6～M64。

　　③ 公称长度范围：GB/T 5780 为 25～500；GB/T 5782 为 12～500。

2. 双头螺柱

双头螺柱—$b_m = d$（GB/T 897—1988）　　　双头螺柱—$b_m = 1.25d$（GB/T 898—1988）

双头螺柱—$b_m = 1.5d$（GB/T 899—1988）　　双头螺柱—$b_m = 2d$（GB/T 900—1988）

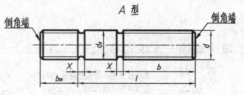

A 型

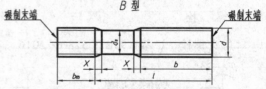

B 型

末端按GB/T 2规定 $d_s \approx$ 螺纹中径(仅适用于B型)

标记示例

两端均为粗牙普通螺纹，$d=10$mm、$l=50$mm、性能等级为4.8级、不经表面处理、B型，$b_m=1d$ 双头螺栓的标记：螺柱 *GB/T 897 M10X50*

旋入机体一端为粗牙普通螺纹，旋螺母一端为螺距$P=1$mm细牙普通螺纹，$d=10$mm、$l=50$mm、性能等级为4.8级、不经表面处理、A型，$b_m=2d$ 双头螺栓的标记：
螺柱 *GB/T 900 AM10-M10×1X50*

附表 2-2　双头螺柱及其参数　　　　　　　　　　　　单位：mm

螺纹规格		M5	M6	M8	M10	M12	M16	M20	M24	M30	M36	M42
b_m（公称）	GB/T 897	5	6	8	10	12	16	20	24	30	36	42
	GB/T 898	6	8	10	12	15	20	25	30	38	45	52
	GB/T 899	8	10	12	15	18	24	30	36	45	54	65
	GB/T 900	10	12	16	20	24	32	40	48	60	72	84
d_s（max）		5	6	8	10	12	16	20	24	30	36	42
x（max）		2.5P										
$\dfrac{l}{b}$		$\dfrac{16 \sim 22}{10}$	$\dfrac{20 \sim 22}{10}$	$\dfrac{20 \sim 22}{12}$	$\dfrac{25 \sim 28}{14}$	$\dfrac{25 \sim 30}{16}$	$\dfrac{30 \sim 38}{20}$	$\dfrac{35 \sim 40}{25}$	$\dfrac{45 \sim 50}{30}$	$\dfrac{60 \sim 65}{40}$	$\dfrac{65 \sim 75}{45}$	$\dfrac{65 \sim 80}{50}$
		$\dfrac{25 \sim 50}{16}$	$\dfrac{25 \sim 30}{14}$	$\dfrac{25 \sim 30}{16}$	$\dfrac{30 \sim 38}{16}$	$\dfrac{32 \sim 40}{20}$	$\dfrac{40 \sim 55}{30}$	$\dfrac{45 \sim 65}{35}$	$\dfrac{55 \sim 75}{45}$	$\dfrac{70 \sim 90}{50}$	$\dfrac{80 \sim 110}{60}$	$\dfrac{80 \sim 110}{70}$
		$\dfrac{32 \sim 75}{18}$	$\dfrac{32 \sim 90}{22}$	$\dfrac{40 \sim 120}{26}$	$\dfrac{45 \sim 120}{30}$	$\dfrac{60 \sim 120}{38}$	$\dfrac{70 \sim 120}{46}$	$\dfrac{80 \sim 120}{54}$	$\dfrac{95 \sim 120}{60}$	$\dfrac{120}{78}$	$\dfrac{120}{90}$
		$\dfrac{130}{32}$	$\dfrac{130 \sim 180}{36}$	$\dfrac{130 \sim 200}{44}$	$\dfrac{130 \sim 200}{52}$	$\dfrac{130 \sim 200}{60}$	$\dfrac{130 \sim 200}{72}$	$\dfrac{130 \sim 200}{84}$	$\dfrac{130 \sim 200}{96}$			
									$\dfrac{210 \sim 250}{85}$	$\dfrac{210 \sim 300}{91}$	$\dfrac{210 \sim 300}{109}$
l系列		16，（18），20，（22），25，（28），30，（32），35，（38），40，45，50，（55），60，（65），70，（75），80，（85），90，（95），100，110，120，130，140，150，160，170，180，200，210，220，230，240，250，260，280，300										

注：P是粗牙螺纹的螺距。

3. 螺　钉

开槽圆柱头螺钉（摘自 GB/T 65—2016）

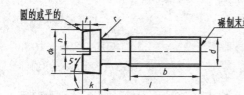

圆的或平的

碾制末端

标记示例

螺纹规格 *d*=M5、公称长度 *l*=20mm、性能等级为4.8级、不经表面处理的A级的开槽园柱头螺钉的标记: 螺钉 *GB/T 65 M5X20*

附表 2-3　开槽圆头螺钉及其参数　　　　　　　　　　　单位：mm

螺纹规格 d	M4	M5	M6	M8	M10
P（螺距）	0.7	0.8	1	1.25	1.5
b	38	38	38	38	38
d_k	7	8.5	10	13	16
k	2.6	3.3	3.9	5	6
n	1.2	1.2	1.6	2	2.5
r	0.2	0.2	0.25	0.4	0.4
t	1.1	1.3	1.6	2	2.4
公称长度 l	5～40	6～50	8～60	10～80	12～80
l系列	5，6，8，10，12，（14），16，20，25，30，35，40，45，50，（55），60，（65），70，（75），80				

注：① 公称长度 $l \leqslant 40$ 的螺钉，制出全螺纹。

　　② 括号中的规格尽可能不采用。

　　③ 螺纹规格 d = M1.6～10；公称长度 l = 2～80。

开槽盘头螺钉（摘自 GB/T 67—2016）

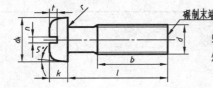

碾制末端

标记示例

螺纹规格 *d*=M5、公称长度 *l*=20mm、性能等级为4.8级、不经表面处理的A级的开槽盘头螺钉的标记: 螺钉 *GB/T 67 M5X20*

附表 2-4　开槽盘头螺钉及其参数　　　　　　　　　　　单位：mm

螺纹规格 d	M1.6	M2	M2.5	M3	M4	M5	M6	M8	M10
P（螺距）	0.35	0.4	0.45	0.5	0.7	0.8	1	1.25	1.5
b	25	25	25	25	38	38	38	38	38
d_k	3.2	4	5	5.6	8	9.5	12	16	20
k	1	1.3	1.5	1.8	2.4	3	3.6	4.8	6
n	0.4	0.5	0.6	0.8	1.2	1.2	1.6	2	2.5
r	0.1	0.1	0.1	0.1	0.2	0.2	0.25	0.4	0.4
t	0.35	0.5	0.6	0.7	1	1.2	1.4	1.9	2.4
公称长度 l	2～16	2.5～20	3～25	4～30	5～40	6～50	8～60	10～80	12～80
l系列	2，5，3，4，5，6，8，10，12，（14），16，20，25，30，35，40，45，50，（55），60，（65），70，（75），80								

注：① 括号内的规格尽可能不采用。

　　② M1.6～M3 的螺钉，公称长度 $l \leqslant 30$ 的，制出全螺纹；

　　　 M4～M10 的螺钉，公称长度 $l \leqslant 40$，制出全螺纹。

开槽沉头螺钉（摘自 GB/T 68—2016）

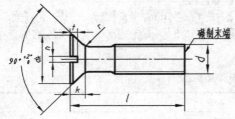

螺纹规格*d*=M5、公称长度*l*=20mm、性能等级为4.8级、不经表面处理的*A*级的开槽沉头螺钉的标记: 螺钉 *GB/T 68 M5X20*

附表 2-5　开槽沉头螺钉及其参数　　　　　　　　　单位：mm

螺纹规格 d	M1.6	M2	M2.5	M3	M4	M5	M6	M8	M10
P（螺距）	0.35	0.4	0.45	0.5	0.7	0.8	1	1.25	1.5
b	25	25	25	25	38	38	38	38	38
d_k	3.6	4.4	5.5	6.3	9.4	10.4	12.6	17.3	20
k	1	1.2	1.5	1.65	2.7	2.7	3.3	4.65	5
n	0.4	0.5	0.6	0.8	1.2	1.2	1.6	2	2.5
r	0.4	0.5	0.6	0.8	1	1.3	1.5	2	2.5
t	0.5	0.6	0.75	0.85	1.3	1.4	1.6	2.3	2.6
公称长度 l	2.5~16	3~20	4~25	5~30	6~40	8~50	8~60	10~80	12~80
l 系列	2，5，3，4，5，6，8，10，12，（14），16，20，25，30，35，40，45，50，（55），60，（65），70，（75），80								

注：① 括号内的规格尽可能不采用。

　　② M1.6~M3 的螺钉，公称长度 $l \leqslant 30$ 的，制出全螺纹；

　　M4~M10 的螺钉，公称长度 $l \leqslant 45$，制出全螺纹。

内六角圆柱头螺钉（摘自 GB/T 70.1—2008）

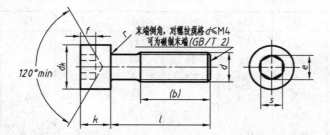

螺纹规格*d*=M5、公称长度*l*=20mm、性能等级为8.8级、表面氧化的A级内六角圆柱头螺钉的标记: 螺钉 *GB/T 70.1 M5X20*

附表 2-6　内六角圆柱头螺钉及其参数　　　　　　　　　单位：mm

螺纹规格 d	M3	M4	M5	M6	M8	M10	M12	M14	M16	M20
P（螺距）	0.5	0.7	0.8	1	1.25	1.5	1.75	2	2	2.5
b 参考	18	20	22	24	28	32	36	40	44	52
d_k	5.5	7	8.5	10	13	16	18	21	24	30
k	3	4	5	6	8	10	12	14	16	20

螺纹规格 d	M3	M4	M5	M6	M8	M10	M12	M14	M16	M20
t	1.3	2	2.5	3	4	5	6	7	8	10
s	2.5	3	4	5	6	8	10	12	14	17
e	2.87	3.44	4.58	5.72	6.86	9.15	11.43	13.72	16.00	19.44
t	0.1	0.2	0.2	0.25	0.4	0.4	0.6	0.6	0.6	0.8
公称长度 l	5~30	6~40	8~50	10~60	12~80	16~100	20~120	25~140	25~160	30~200
l≤表中数值时，制出全螺纹	20	25	25	30	35	40	45	55	55	65
l 系列	2, 5, 3, 4, 5, 6, 8, 10, 12, 16, 20, 25, 30, 35, 40, 45, 50, 55, 60, 65, 7, 80, 90, 100, 110, 120, 130, 140, 150, 160, 180, 200, 220, 240, 260, 80, 300									

注：螺纹规格 d = M1.6 ~ M64。

十字槽沉头螺钉（摘自 GB/T 819.1—2016）

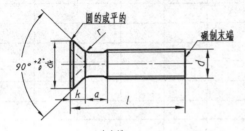

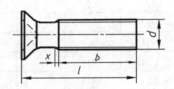

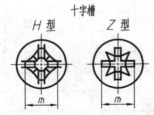

十字槽   H 型   Z 型

标记示例
螺纹规格 d=M5、公称长度 l=20mm、性能等级为 4.8 级、不经表面处理的 A 级的十字槽沉头螺钉的标记：螺钉 GB/T 819.1 M5X20

附表 2-7　十字槽沉头螺钉及其参数　　　　单位：mm

螺纹规格 d			M1.6	M2	M2.5	M3	M4	M5	M6	M8	M10
P			0.35	0.4	0.45	0.5	0.7	0.8	1	1.25	1.5
a		max	0.7	0.8	0.9	1	1.4	1.6	2	2.5	3
b		min	25	25	25	25	38	38	38	38	38
d_k	理论值	max	3.6	4.4	5.5	6.3	9.4	10.4	12.6	17.3	20
	实际值	max	3	3.8	4.7	5.5	8.4	9.3	11.3	15.8	18.3
		min	2.7	3.5	4.4	5.2	8	8.9	10.9	15.4	17.8
k		max	1	1.2	1.5	1.65	2.7	2.7	3.3	4.65	5
r		max	0.4	0.5	0.6	0.8	1	1.3	1.5	2	2.5
x		min	0.9	1	1.1	1.25	1.75	2	2.5	3.2	3.8

螺纹规格 d			M1.6	M2	M2.5	M3	M4	M5	M6	M8	M10
	槽号 No.		0		1		2		3	4	
十字槽	H型	m 参考	1.6	1.9	.9	3.2	4.6	5.2	6.8	8.9	10
		插入深度 min	0.6	0.9	1.4	1.7	2.1	2.7	3	4	5.1
		插入深度 max	0.9	1.2	1.8	2.1	2.6	3.2	3.5	4.6	5.7
	Z型	m 参考	1.6	1.9	2.8	3	4.4	4.9	6.6	8.8	9.8
		插入深度 min	0.7	0.95	1.45	1.6	2.05	.26	3	4.15	5.2
		插入深度 max	0.95	1.2	1.75	2	2.5	3.05	3.45	4.6	5.65

l 公称	min	max	M1.6	M2	M2.5	M3	M4	M5	M6	M8	M10
3	2.8	3.2									
4	3.7	4.3									
5	4.7	5.3									
6	5.7	6.3									
8	7.7	8.3									
10	9.7	10.3									
12	11.6	12.4									
(14)	13.6	14.4									
16	15.6	16.4					规格				
20	19.6	20.4									
25	24.6	25.4									
30	29.6	30.4							范围		
35	34.5	35.5									
40	39.5	40.5									
45	44.5	45.5									
50	49.5	50.5									
(55)	54.4	55.6									
60	59.4	60.6									

注：① 尽可能不采用括号内的规格。

② P——螺距。

③ d_k 的理论值按 GB/T 5279—1985 规定。

④ 公称长度在虚线以上的螺钉，制出全螺纹$[b = l - (k + a)]$。

紧定螺钉（摘自 GB/T 71—2018，GB/T 73—2018，GB/T 75—2018）

开槽锥端紧定螺钉	开槽平端紧定螺钉	开槽长圆柱端紧定螺钉
GB/T 71—2018	GB/T 73—2018	GB/T 75—2018

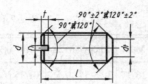
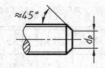
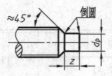

标记示例

螺纹规格d=M5、公称长度l=12mm、性能等级为14H级、表面
氧化的开槽锥端紧定螺钉的标记：螺钉 *GB/T 71 M5X12*

附表2-8　紧定螺钉及其参数　　　　　　　　　　单位：mm

螺纹规格 d		M1.6	M2	M2.5	M3	M4	M5	M6	M8	M10	M12
P（螺距）		0.35	0.4	0.45	0.5	0.7	0.8	1	1.25	1.5	1.75
n		0.25	0.25	0.4	0.4	0.6	0.8	1	1.2	1.6	2
t		0.74	0.84	0.95	1.05	1.42	1.63	2	2.5	3	3.6
d_k		0.16	0.2	0.25	0.3	0.4	0.5	1.5	2	2.5	3
d_p		0.8	1	1.5	2	2.5	3.5	4	5.5	7	8.5
z		1.05	1.25	1.5	1.75	2.25	2.75	3.25	4.3	5.3	6.3
l	GB/T 71—1985	2~8	3~10	3~12	4~16	6~20	8~25	8~30	10~40	12~50	14~60
	GB/T 73—1985	2~8	2~10	2.5~12	3~16	4~20	5~25	6~30	8~40	10~50	12~60
	GB/T 75—1985	2.5~8	3~10	4~12	5~16	6~20	8~25	10~30	10~40	12~50	14~60
l 系列		2、2.5、3、4、5、6、8、10、12、（14）、6、20、25、30、35、40、45、50、（55）、60									

注：① l 为公称长度。

　　② 括号内的规格尽可能不采用。

4. 螺母

六角头螺母—C级（摘自 GB/T 41—2016）　1型六角头螺母—A和B级（摘自 GB/T 6170—2016）

六角头薄螺母（摘自 GB/T 6172.1—2016）

六角头螺母-C级
（GB/T 41—2016）

1型六角头螺母-A和B级
（GB/T 6170—2016）

六角头薄螺母
（GB/T 6172.1—2016）

标记示例

螺纹规格d=M12、性能等级为5级、不经表面处理的

c级六角头螺母标记：螺母GB/T 41 M12

附表 2-9　螺母及其参数　　　　　　　　　　　　　　　　　　单位：mm

螺纹规格 d		M3	M4	M5	M6	M8	M10	M12	M16	M20	M24	M30	M36	M42
e	GB/T 41			8.63	10.89	14.20	17.59	19.85	26.17	32.95	39.55	50.85	60.79	72.02
	GB/T 6170	6.01	7.66	8.79	11.05	14.38	17.77	20.03	26.75	32.95	39.55	50.85	60.79	72.02
	GB/T 6172.1	6.01	7.66	8.79	11.05	14.38	17.77	20.03	26.75	32.95	39.55	50.85	60.79	72.02
s	GB/T 41			8	10	13	16	18	24	30	36	46	55	65
	GB/T 6170	5.5	7	8	10	13	16	18	24	30	36	46	55	65
	GB/T 6172.1	5.5	7	8	10	13	16	18	24	30	36	46	55	65
m	GB/T 41			5.6	6.1	7.9	9.5	12.2	15.9	18.7	22.3	23.4	31.5	34.9
	GB/T 6170	2.4	3.2	4.7	5.2	6.8	8.4	10.8	14.8	18	21.5	25.6	31	34
	GB/T 6172.1	1.8	2.2	2.7	3.2	4	5	6	8	10	12	15	18	21

注：A 级用 $D \leqslant 16$；B 级用于 $D > 16$。

5. 垫　圈

（1）平垫圈。

小垫圈—A 级（摘自 GB/T 848—2002）；平垫圈—A 级（摘自 GB/T 97.1—2002）；
平垫圈 倒角型—A 级（摘自 GB/T 97.2—2002）

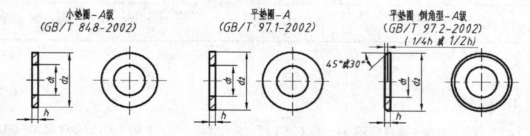

小垫圈–A级　　　　平垫圈–A　　　　平垫圈 倒角型–A级
(GB/T 848-2002)　(GB/T 97.1-2002)　(GB/T 97.2-2002)

标记示例

标准系列、公称规格8mm、由钢制造的硬度等级为200HV级、不经表面处理、产品等级为A级的平垫
圈的标记：垫圈 GB/T 97.1 8

标准系列、公称规格8mm，由A2组不锈钢制造的硬度等级为200HV级、不经表面处理、产品等级为
A级的平垫圈的标记：垫圈 GB/T 97.1 8 A2

附表 2-10　平垫圈及其参数　　　　　　　　　　　　　　　　　单位：mm

公称尺寸 螺纹规格 d		1.6	2	2.5	3	4	5	6	8	10	12	14	16	20	24	30	36
d_1	GB/T 848	1.7	2.2	2.7	3.2	4.3	5.3	6.4	8.4	10.5	13	15	17	21	25	31	37
	GB/T 97.1	1.7	2.2	2.7	3.2	4.3	5.3	6.4	8.4	10.5	13	15	17	21	25	31	37
	GB/T 97.2	—	—	—	—	—	5.3	6.4	8.4	10.5	13	15	17	21	25	31	37

续附表 2-10

公称尺寸 螺纹规格 d		1.6	2	2.5	3	4	5	6	8	10	12	14	16	20	24	30	36
d_2	GB/T 848	3.5	4.5	5	6	8	9	11	15	18	20	24	28	34	39	50	60
	GB/T 97.1	4	5	6	7	9	10	12	16	20	24	28	30	37	44	56	66
	GB/T 97.2	—	—	—	—	—	10	12	16	20	24	28	30	37	44	56	66
h	GB/T 848	0.3	0.3	0.5	0.5	0.5	1	1.6	1.6	1.6	2	2.5	2.5	3	4	4	5
	GB/T 97.1	0.3	0.3	0.5	0.5	0.5	1	1.6	1.6	2	2.5	2.5	2.5	3	4	4	5
	GB/T 97.2	—	—	—	—	—	1	1.6	1.6	2	2.5	2.5	2.5	3	4	4	5

（2）弹簧垫圈。

标准型弹簧垫圈（摘自 GB/T 93—1987）

轻型弹簧垫圈（摘自 GB/T 859—1987）

标准型弹簧垫圈 (GB/T 93-1987)　　轻型弹簧垫圈 (GB/T 859-1987)

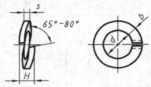
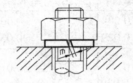

标记示例

规格16、材料为65Mn表面氧化的标准型弹簧垫圈的标记：垫圈 *GB/T 93 16*

附表 2-11　弹簧垫圈及其参数　　　　　单位：mm

规格（螺纹大径）		3	4	5	6	8	10	12	(14)	16	(18)	20	(22)	24	(27)	30
d		3.1	4.1	5.1	6.1	8.1	10.1	12.2	14.2	16.2	18.2	20.2	22.5	24.5	27.5	30.5
H	GB/T 93	1.6	2.2	2.6	3.2	4.2	5.2	6.2	7.2	8.2	9	10	11	12	13.6	15
	GB/T 859	1.2	1.6	2.2	2.6	3.2	4	5	6.4	7.2	8	9	10	11	10	12
$S(b)$	GB/T 93	0.8	1.1	1.3	1.6	2.1	2.6	3.1	3.6	4.1	4.5	5	5.5	6	6.8	7.5
S	GB/T 859	0.6	0.8	1.1	1.3	1.6	2	2.5	3	3.2	3.6	4	4.5	5	5.5	6
$m\leqslant$	GB/T 93	0.4	0.55	0.65	0.8	1.05	1.3	1.55	1.8	2.05	2.25	2.5	2.75	3	3.4	3.75
	GB/T 859	0.3	0.4	0.55	0.65	0.8	1	1.25	1.5	1.6	1.8	2	2.25	2.5	2.75	3
b	GB/T 859	1	1.2	1.2	2	2.5	3	3.5	4	4.5	5	5.5	6	7	8	9

注：① 括号内的规格尽可能不采用。
　　② m 应大于零。

附录三　常用键与销

1. 键

（1）平键与键槽的剖面尺寸（摘自 GB/T 1095—2003）。

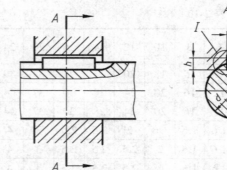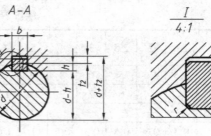

附表 3-1　平键与键槽的剖面尺寸　　　　　　　　单位：mm

键尺寸 $b \times h$	键槽											
		宽度 b					深 度				半径 r	
	公称尺寸	极 限 偏 差					轴 t_1		毂 t_2			
		正常连接		紧密连接	松连接		基本尺寸	极限偏差	基本尺寸	极限偏差		
		轴 N9	毂 JS9	轴和毂 P9	轴 H9	毂 D10					min	max
2×2	2	− 0.004	± 0.012	− 0.006	+ 0.025	+ 0.060	1.2		1.0		0.08	0.16
3×3	3	− 0.029		− 0.031	0	+ 0.020	1.8	+ 0.1	1.4	+ 0.1		
4×4	4	0	± 0.015	− 0.012	+ 0.030	+ 0.078	2.5	0	1.8	0		
5×5	5	− 0.030		− 0.042	0	+ 0.030	3.0		2.3		0.16	0.25
6×6	6						2.5		2.8			
7×7	8	0	± 0.018	− 0.015	+ 0.036	+ 0.098	4.0		3.3			
10×8	10	− 0.036		− 0.051	0	+ 0.040	5.0		3.3			
12×8	12						5.0	+ 0.2	3.3	+ 0.2		
14×9	14	0	± 0.021 5	− 0.018	+ 0.043	+ 0.120	5.5	0	3.8	0	0.25	0.40
16×10	16	− 0.043		− 0.061	0	+ 0.050	6.0		4.3			
18×11	18						7.0		4.4			
20×12	20						7.5		4.9			
22×14	22	0	± 0.026	− 0.022	+ 0.052	+ 0.149	9.0	+ 0.2	5.4	+ 0.2	0.40	0.60
25×14	25	− 0.052		− 0.074	0	+ 0.065	9.0	0	5.4	0		
28×16	28						10.0		6.4			
32×18	32						11.0		7.4			
36×20	36						12.0		8.4			
40×22	40	0	± 0.031	− 0.026	+ 0.062	+ 0.180	13.0		9.4		0.70	1.00
45×25	45	− 0.062		− 0.088	0	+ 0.080	15.0		10.4			
50×28	50						17.0		11.4			
56×32	56						20.0	+ 0.3	12.4	+ 0.3		
63×32	63	0	± 0.037	− 0.032	+ 0.074	+ 0.220	20.0	0	12.4	0	1.20	1.60
70×36	70	− 0.074		− 0.106	0	+ 0.100	22.0		14.4			
80×40	80						25.0		15.4			
90×45	90	0	± 0.043 5	− 0.037	+ 0.087	+ 0.260	28.0		17.4		2.00	2.50
100×50	100	− 0.087		− 0.124	0	+ 0.120	31.0		19.5			

（2）普通平键的型式尺寸（摘自 GB/T 1096—2003）。

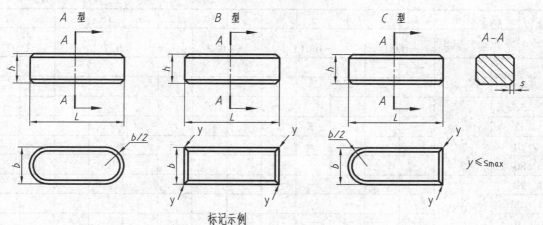

标记示例

宽度b＝16mm,高度h＝10mm、长度L＝100mm普通A型平键的标记为：GB／T 1096 键16×10×100

宽度b＝16mm、高度h＝10mm、长度L＝100mm普通B型平键的标记为：GB／T 1096 键B16×10×100

宽度b＝16mm、高度h＝10mm、长度L＝100mm普通C型平键的标记为：GB／T 1096 键C16×10×100

附表 3-2　普通平键的型式尺寸　　　　　　　　　　　　　　单位：mm

宽度 b	基本尺寸	2	3	4	5	6	8	10	12	14	16	18	20	22
	极限偏差（h8）	0 −0.007		0 −0.018			0 −0.022		0 −0.027				0 −0.033	
高度 h	基本尺寸	2	3	4	5	6	7	8	8	9	10	11	12	14
	极限偏差 矩形（h11）	—		—				0 −0.090				0 −0.110		
	方形（h8）	0 −0.014		0 −0.018				—						
倒角或倒圆 s		0.16～0.25		0.25～0.40			0.40～0.60					0.60～0.80		

长度 L														
基本尺寸	极限偏差（h14）													
6	0 −0.36			—	—	—	—	—	—	—	—	—	—	—
8					—	—	—	—	—	—	—	—	—	—
10						—	—	—	—	—	—	—	—	—
12							—	—	—	—	—	—	—	—
14	0 −0.43							—	—	—	—	—	—	—
16								—	—	—	—	—	—	—
18									—	—	—	—	—	—
20										—	—	—	—	—
22	0 −0.52	—	标准							—	—	—	—	—
25											—	—	—	—
28												—	—	—
32	0 −0.62												—	—
36		—											—	—
40		—											—	—

231

续附表 3-2

宽度 b	基本尺寸	2	3	4	5	6	8	10	12	14	16	18	20	22
	极限偏差（h8）	0 −0.007		0 −0.018			0 −0.022		0 −0.027				0 −0.033	
45		—	—				长度						—	—
50		—	—	—									—	—
56		—	—											—
63	0 −0.74	—	—											
70		—	—											
80		—	—											
90		—	—	—					范围					
100	0 −0.87	—	—	—				—						
110		—	—	—										

（3）半圆键和键槽的剖面尺寸（摘自 GB/T 1098—2003）。

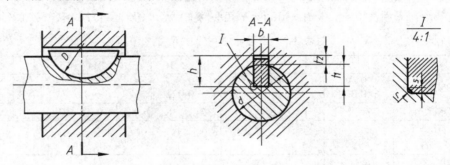

附表 3-3　半圆键和键槽的剖面尺寸　　　　单位：mm

键尺寸 b×h×D	公称尺寸	键　槽										
		宽度 b					深　度				半径 R	
		极 限 偏 差					轴 t₁		毂 t₂			
		正常连接		紧密连接	松连接		基本尺寸	极限偏差	基本尺寸	极限偏差		
		轴 N9	毂 JS9	轴和毂 P9	轴 H9	毂 D10					min	max
1×1.4×4 / 1×1.1×4	1	−0.004 −0.029	±0.012 5	−0.006 −0.031	+0.025 0	+0.060 +0.020	1.0	+0.1 0	0.6	+0.1 0	0.16	0.08
1.5×2.6×7 / 1.5×2.1×7	1.5						2.0		0.8			
2×2.6×7 / 2×2.1×7	2						1.8		1.0			
2×3.7×10 / 2×3×10	2						2.9		1.0			
2.5×3.7×10 / 2.5×3×10	2.5						2.7		1.2			
3×5×12 / 3×4×12	3						3.8	+0.2 0	1.4			
3×6.5×16 / 3×5.2×16	3						5.3		1.4		0.25	0.16

键尺寸 $b \times h \times D$	键槽										
	宽度 b						深度				半径 R
	公称尺寸	极限偏差					轴 t_1		毂 t_2		
		正常连接		紧密连接	松连接		基本尺寸	极限偏差	基本尺寸	极限偏差	
		轴 N9	毂 JS9	轴和毂 P9	轴 H9	毂 D10					min	max
$4 \times 6.5 \times 16$ $4 \times 5.2 \times 16$	4						5.0		1.8			
$4 \times 7.5 \times 19$ $4 \times 6 \times 19$	4						6.0		1.8			
$5 \times 6.5 \times 16$ $5 \times 5.2 \times 16$	5						4.5		2.3	+0.1 0		
$5 \times 7.5 \times 19$ $5 \times 6 \times 19$	5	0 −0.030	±0.015	−0.012 −0.042	+0.030 0	+0.078 +0.030	5.5		2.3			
$5 \times 9 \times 22$ $5 \times 7.2 \times 22$	5						7.0		2.3			
$6 \times 9 \times 22$ $6 \times 7.2 \times 22$	6						6.5	+0.3 0	2.8			
$6 \times 10 \times 28$ $6 \times 8 \times 28$	6						7.5		2.8			
$8 \times 11 \times 28$ $8 \times 8.8 \times 28$	8	0 −0.036	±0.018	−0.015 −0.051	+0.036 0	+0.098 +0.040	8.0		3.3	+0.2 0	0.40	0.25
$10 \times 13 \times 32$ $10 \times 10.4 \times 32$	10						10		3.3			

注：键尺寸中的公称直径 D 即为键槽直径最小值。

（4）半圆键的型式尺寸（摘自 GB/T 1099.1—2003）。

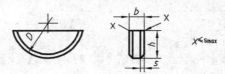

标记示例

宽度b=6mm、高度h=10mm、直径D=25mm普通型半圆键的标记为：GB/T 1099.1 键6×10×25

附表 3-4　半圆键的型式尺寸　　　　　　　　　　　　　单位：mm

键尺寸 $b \times h \times D$	宽度 b		高度 h		直径 D		倒角或倒圆 s	
	基本尺寸	极限偏差	基本尺寸	极限偏差（h12）	基本尺寸	极限偏差（h12）	min	max
$1 \times 1.4 \times 4$	1		1.4		4	0 −0.120		
$1.5 \times 2.6 \times 7$	1.5	0 −0.025	2.6	0 −0.010	7		0.16	0.25
$2 \times 2.6 \times 7$	2		2.6		7	0 −0.150		
$2 \times 3.7 \times 10$	2		3.7	0 −0.012	10			

键尺寸 $b \times h \times D$	宽度 b 基本尺寸	极限偏差	高度 h 基本尺寸	极限偏差（h12）	直径 D 基本尺寸	极限偏差（h12）	倒角或倒圆 s min	max
2.5×3.7×10	2.5		3.7	0 −0.012	10	0 −0.150	0.16	0.25
3×5×13	3		5		13	0 −0.180		
3×6.5×16	3		6.5		16			
4×6.5×16	4		6.5		16			
4×7.5×19	4		7.5		19	0 −0.210		
5×6.5×16	5	0 −0.025	6.5	0 −0.015	16	0 −0.180		
5×7.5×19	5		7.5		19			
5×9×22	5		9		22	0 −0.210		
6×9×22	6		9		22			
6×10×25	6		10		25			
8×11×28	8		11	0 −0.018	28		0.40	0.60
10×13×32	10		13		32	0 −0.250		

2. 销

（1）圆柱销（摘自 GB/T 119.1—2000）——不淬火钢和奥氏体不锈钢。

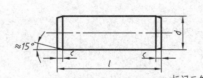

末端形状，由制造者确定，允许倒圆或凹穴

标记示例

公称直径 $d=6$mm、公差为 m6、公称长度 $l=30$mm、材料为钢、不经淬火、不经表面处理的圆柱销的标记：

销 GB/T 119.1 6m6×30

公称直径 $d=6$mm、公差为 m6、公称长度 $l=30$mm、材料为 A1 组奥氏体不锈钢、表面简单处理的圆柱销的标记：

销 GB/T119.1 6m6×30−A1

附表 3-5　圆柱销相关参数　　　　　　　　单位：mm

公称直径 d(m6/h8)	0.6	0.8	1	1.2	1.5	2	2.5	3	4	5
$a \approx$	0.12	0.16	0.20	0.25	0.30	0.35	0.40	0.50	0.63	0.80
l(商品规格范围公称长度)	2~6	2~8	4~10	4~12	4~16	6~20	6~24	8~30	8~40	10~50
公称直径 d(m6/h8)	6	8	10	12	16	20	25	30	40	50
$a \approx$	1.2	1.6	2.0	2.5	3.0	3.5	4.0	5.0	6.3	8.0
l(商品规格范围公称长度)	12~60	14~80	18~95	22~140	26~180	35~200	50~200	60~200	80~200	95~200
l 系列	2、3、4、5、6、8、10、12、14、16、18、20、22、24、26、28、30、32、35、40、45、50、55、60、65、70、75、80、85、90、95、100、120、140、160、180、200									

（2）圆锥销（摘自 GB/T 117—2000）。

$$r_2 = a/2 + d + (0.021)^2/8a$$

标记示例

公称直径d=6mm、公称长度l=30mm、材料为35钢、热处理硬度28~38HRC、表面氧化处理的

A型圆锥销的标记：销 GB/T 117 6×30

附表3-6　圆锥销相关参数　　　　　　　　　　　　　　　单位：mm

d(公称)	0.6	0.8	1	1.2	1.5	2	2.5	3	4	5
$a \approx$	0.08	0.1	0.12	0.16	0.2	0.25	0.3	0.4	0.5	0.63
l(商品规格范围公称长度)	4~8	5~12	6~16	6~20	8~24	10~35	10~35	12~45	14~55	18~60
d(公称)	6	8	10	12	16	20	25	30	40	50
$a \approx$	0.8	1	1.2	1.6	2	2.5	3	4	5	6.3
l(商品规格范围公称长度)	22~90	22~120	26~160	32~180	40~200	45~200	50~200	55~200	60~200	65~200
l系列	2、3、4、5、6、8、10、12、14、16、18、20、22、24、26、28、30、32、35、40、45、50、55、60、65、70、75、80、85、90、95、100、120、140、160、180、200									

（3）开口销（摘自 GB/T 91—2000）。

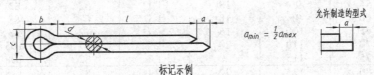

$$a_{min} = \frac{1}{2}a_{max}$$

允许制造的型式

标记示例

公称规格为5mm、公称长度l=50mm、材料为Q215或Q235、

不经表面处理的开口销的标记：销 GB/T 91 5×50

附表3-7　开口销相关参数　　　　　　　　　　　　　　　单位：mm

公称规格		0.6	0.8	1	1.2	1.6	2	2.5	3.2	4	5	6.3	8	10	13
d	max	0.5	0.7	0.9	1.0	1.4	1.8	2.3	2.9	3.7	4.6	5.9	7.5	9.5	12.4
	min	0.4	0.6	0.8	0.9	1.3	1.7	2.1	2.7	3.5	4.4	5.7	7.3	9.3	12.1
c	max	1	1.4	1.8	2	2.8	3.6	4.6	5.8	7.4	9.2	11.8	15	19	24.8
	min	0.9	1.2	1.6	1.7	2.4	3.2	4	5.1	6.5	8	10.3	13.1	16.6	21.7
$b \approx$		2	2.4	3	3	3.2	4	5	6.4	8	10	12.6	16	20	26
a_{max}		1.6	1.6	1.6	2.5	2.5	2.5	2.5	3.2	4	4	4	4	6.3	6.3
l（商品规格范围公称长度）		4~12	5~16	6~20	8~26	8~32	10~40	12~50	14~65	18~80	30~120	30~120	40~160	45~200	70~200
l系列		4、5、6、8、10、12、14、16、18、20、22、24、26、28、30、32、36、40、45、50、55、60、65、70、75、80、85、90、95、100、120、140、160、180、200													

注：公称规格等与开口销孔直径推荐的公差为

公称规格≤1.2：H13；

公称规格>1.2：H14。

附录四 常用滚动轴承

1. 深沟球轴承（摘自 GB/T 276—2013）—60000 型

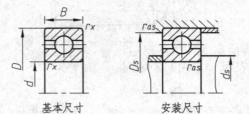

基本尺寸　　　　　安装尺寸

标记示例

内径d=20的60000型深沟球轴承，尺寸系列为
(0)2，组合代号为62的标记：
深沟球轴承6204 GB/T 276

附表 4-1　深沟球轴承相关参数　　　　　单位：mm

轴承代号	基本尺寸				安装尺寸		
	d	D	B	r_x min	d_s min	D_s max	r_{as} max
(0)尺寸系列							
6000	10	26	8	0.3	12.4	33.6	0.3
6001	12	28	8	0.3	14.4	25.6	0.3
6002	15	32	9	0.3	17.4	29.6	0.3
6003	17	35	10	0.3	19.4	32.6	0.3
6004	20	42	12	0.6	25	37	0.6
6005	25	47	12	0.6	30	42	0.6
6006	30	55	13	1	36	49	1
6007	35	62	14	1	41	56	1
6008	40	68	15	1	46	62	1
6009	45	75	16	1	51	69	1
6010	50	80	16	1	56	74	1
6011	55	90	18	1.1	62	83	1
6012	60	95	18	1.1	67	88	1
6013	65	100	18	1.1	72	93	1
6014	70	110	20	1.1	77	103	1
6015	75	115	20	1.1	82	108	1
6016	80	125	22	1.1	87	118	1
6017	85	130	22	1.1	92	123	1
6018	90	140	24	1.5	99	131	1.5
6019	95	145	24	1.5	104	136	1.5
6020	100	150	24	1.5	109	141	1.6
(0)2 尺寸系列							
6200	10	30	9	0.6	15	25	0.6
6201	12	32	10	0.6	17	27	0.6
6202	15	35	11	0.6	20	30	0.6
6203	17	40	13	0.6	22	35	0.6
6204	20	47	14	1	26	41	1
6205	25	52	15	1	31	46	1
6206	30	62	16	1	36	56	1
6207	35	72	17	1.1	42	65	1
6208	40	80	18	1.1	47	73	1
6209	45	85	19	1.1	52	78	1
6210	50	90	20	1.1	57	83	1
6211	55	100	21	1.5	64	91	1.5
6212	60	110	22	1.5	69	101	1.5
6213	65	120	23	1.5	74	111	1.5
6214	70	125	24	1.5	79	116	1.5
6215	75	130	25	1.5	84	121	1.5

续附表 4-1

轴承代号	基本尺寸				安装尺寸		
	d	D	B	r_x min	d_s min	D_s max	r_{as} max
(0)2 尺寸系列							
6216	80	140	26	2	90	130	2
6217	85	150	28	2	95	140	2
6218	90	160	30	2	100	150	2
6219	95	170	32	2.1	107	158	2.1
6220	100	180	34	2.1	112	168	2.1
(0)3 尺寸系列							
6300	10	35	11	0.6	15	30	0.6
6301	12	37	12	1	18	31	1
6302	15	42	13	1	21	36	1
6303	17	47	14	1	23	41	1
6304	20	52	15	1.1	27	45	1
6305	25	62	17	1.1	32	55	1
6306	30	72	19	1.1	37	65	1
6307	35	80	21	1.5	44	71	1.5
6308	40	90	23	1.5	49	81	1.5
6309	45	100	25	1.5	54	91	1.5
6310	50	110	27	2	60	100	2
6311	55	120	29	2	65	110	2
6312	60	130	31	2.1	72	118	2.1
6313	65	140	33	2.1	77	128	2.1
6314	70	150	35	2.1	82	138	2.1
6315	75	160	37	2.1	87	148	2.1
6316	80	170	39	2.1	92	158	2.1
6317	85	180	41	3	99	166	2.5
6318	90	190	43	3	104	176	2.5
6319	95	200	45	3	109	186	2.5
6320	100	215	47	3	114	201	2.5
(0)4 尺寸系列							
6403	17	62	17	1.1	24	55	1
6404	20	72	19	1.1	27	65	1
6405	25	80	21	1.5	34	71	1.5
6406	30	90	23	1.5	39	81	1.5
6407	35	100	25	1.5	44	91	1.5
6408	40	110	27	2	50	100	2
6409	45	120	29	2	55	110	2
6410	50	130	31	2.1	62	118	2.1
6411	55	140	33	2.1	67	128	2.1
6412	60	150	35	2.1	72	138	2.1
6413	65	160	37	2.1	77	148	2.1
6414	70	180	42	3	84	166	2.5
6415	75	190	45	3	89	176	.5
6416	80	200	48	3	94	186	.5
6417	85	210	52	4	103	192	3
6418	90	225	54	4	108	207	3
6420	100	250	58	4	118	232	3

注：r_{min} 为 r 的单向最小倒角尺寸；r_{max} 为 r_{as} 的单向最大倒角尺寸。

2. 圆锥滚子轴承（摘自 GB/T 297—2015）—30000 型

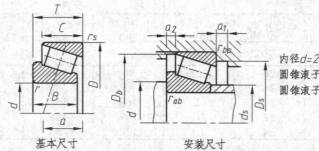

基本尺寸　　　　　　　安装尺寸

标记示例
内径d=20，尺寸系列为02的30000型
圆锥滚子轴承的标记：
圆锥滚子轴承30204 GB/T 297

附表 4-2　圆锥滚子轴承　　　　　　　　　　　单位：mm

轴承代号	基本尺寸								安装尺寸							
	d	D	T	B	C	r_s min	r min	a	d_s min	d max	D_x min	D_s max	D_b min	a_1 min	a_2 min	r_{ab} max	r_{bs} max
02 尺寸系列																
30203	17	40	3.25	12	11	1	1	9.9	23	23	34	34	37	2	2.5	1	1
30204	20	47	15.25	14	12	1	1	11.2	26	27	40	41	43	2	3.5	1	1
30205	25	52	16.25	15	13	1	1	12.5	31	31	44	46	48	2	3.5	1	1
30206	30	62	17.25	16	14	1	1	13.8	36	37	53	56	58	2	3.5	1	1
30207	35	72	18.25	17	15	1.5	1.5	15.3	42	44	62	65	67	3	3.5	1.5	1.5
30208	40	80	19.75	18	16	1.5	1.5	16.9	47	49	69	73	75	3	4	1.5	1.5
30209	45	85	20.75	19	16	1.5	1.5	18.6	52	53	74	78	80	3	5	1.5	1.5
30210	50	90	21.75	20	17	1.5	1.5	20	57	58	79	83	86	3	5	1.5	1.5
30211	55	100	22.75	21	18	2	1.5	21	64	64	88	91	95	4	5	2	1.5
30212	60	110	23.75	22	19	2	1.5	22.3	69	69	96	101	103	4	5	2	1.5
30213	65	120	24.75	23	20	2	1.5	23.8	74	77	106	111	114	4	5	2	1.5
30214	70	125	26.25	24	21	2	1.5	25.8	79	81	110	116	119	4	5.5	2	1.5
30215	75	130	27.25	25	22	2	1.5	27.4	84	85	115	121	125	4	5.5	2	1.5
30216	80	140	28.25	26	22	2.5	2	28.1	90	90	124	130	133	4	6	2.1	2
30217	85	150	30.5	28	24	2.5	2	30.3	95	96	132	140	142	5	6.5	2.1	2
30218	90	160	32.5	30	26	2.5	2	32.3	100	102	140	150	151	5	6.5	2.1	2
30219	95	170	34.5	32	27	3	2.5	34.2	107	108	149	158	160	5	7.5	2.5	2.1
30220	100	180	37	34	29	3	2.5	36.4	112	114	157	168	169	5	8	2.5	2.1
03 尺寸系列																
30302	15	42	14.25	13	11	1	1	9.6	21	22	36	36	38	2	3.5	1	1
30303	17	47	15.25	14	12	1	1	10.4	23	25	40	41	43	3	3.5	1	1
30304	20	52	16.25	15	13	1.5	1.5	11.1	27	28	44	45	48	3	3.5	1.5	1.5
30305	25	62	18.25	17	15	1.5	1.5	13	32	34	54	55	58	3	3.5	1.5	1.5
30306	30	72	20.75	19	16	1.5	1.5	15.3	37	40	62	65	66	3	5	1.5	1.5
30307	35	80	22.75	21	18	2	1.5	16.8	44	45	70	71	74	3	5	2	1.5
30308	40	90	25.25	23	20	2	1.5	19.5	49	52	77	81	84	3	5.5	2	1.5
30309	45	100	27.25	25	22	2	1.5	21.3	54	59	86	91	94	3	5.5	2	1.5
30310	50	110	29.25	27	23	2.5	2	23	60	65	95	100	103	4	6.5	2	2
30311	55	120	31.5	29	25	2.5	2	24.9	65	70	104	110	112	4	6.5	2.5	2

轴承代号	基本尺寸								安装尺寸								
	d	D	T	B	C	r_s min	r min	a	d_s min	d max	D_x min	D_s max	D_b min	a_1 min	a_2 min	r_{ab} max	r_{bs} max
03 尺寸系列																	
30312	60	130	33.5	31	26	3	2.5	26.6	72	76	112	118	121	5	7.5	2.5	2.1
30313	65	140	36	33	28	3	2.5	28.7	77	83	122	128	131	5	8	2.5	2.1
30314	70	150	38	35	30	3	2.5	30.7	82	89	130	38	141	5	8	2.5	2.1
30315	75	160	40	37	31	3	2.5	32	87	95	139	148	150	5	9	2.5	2.1
30316	80	170	42.5	39	33	3	2.5	34.4	92	102	148	158	160	5	9.5	2.5	2.1
30317	85	180	44.5	41	34	4	3	35.9	99	107	156	166	168	6	10.5	3	2.5
30318	90	190	46.5	43	36	4	3	37.5	104	113	165	176	178	6	10.5	3	2.5
30319	95	200	49.5	45	38	4	3	40.1	109	118	172	186	185	6	11.5	3	2.5
30320	100	215	51.5	47	39	4	3	42.2	114	127	184	201	199	6	12.5	3	2.5
22 尺寸系列																	
32206	30	62	21.25	20	17	1	1	15.6	36	36	52	56	58	3	4.5	1	1
32207	35	72	24.25	23	19	1.5	1.5	17.9	42	42	61	65	68	3	5.5	1.5	1.5
32208	40	80	24.75	23	19	1.5	1.5	18.9	47	48	68	73	75	3	6	1.5	1.5
32209	45	85	24.75	23	19	1.5	1.5	20.1	52	53	73	78	81	3	6	1.5	1.5
32210	50	90	24.75	23	19	1.5	1.5	21	57	57	78	83	86	3	6	1.5	1.5
32211	55	100	26.75	25	21	2	1.5	22.8	64	62	87	91	96	4	6	2	1.5
32212	60	110	29.75	28	24	2	1.5	25	69	68	95	101	105	4	6	2	1.5
32213	65	120	32.75	31	27	2	1.5	27.3	74	75	104	111	115	4	6	2	1.5
32214	70	125	33.25	31	27	2	1.5	28.8	79	79	108	116	120	4	6.5	2	1.5
32215	75	130	33.25	31	27	2	1.5	30	84	84	115	121	126	4	6.5	2	1.5
32216	80	140	35.25	33	28	2.5	2	31.4	90	89	122	130	135	5	7.5	2.1	2
32217	85	150	38.5	36	30	2.5	2	33.9	95	95	130	140	143	5	8.5	2.1	2
32218	90	160	42.5	40	34	2.5	2	36.8	100	101	138	150	153	5	8.5	2.1	2
32219	95	170	45.5	43	37	3	2.5	39.2	107	106	145	158	163	5	8.5	2.5	2.1
32220	100	180	49	46	39	3	2.5	41.9	112	113	154	168	172	5	10	2.5	2.1
23 尺寸系列																	
32303	17	47	20.25	19	16	1	1	12.3	23	24	39	41	43	3	4.5	1	1
32304	20	52	22.25	21	18	1.5	1.5	13.6	27	26	43	45	48	3	4.5	1.5	1.5
32305	25	62	25.25	24	20	1.5	1.5	15.9	32	32	52	55	58	3	5.5	1.5	1.5
32306	30	72	28.75	27	23	1.5	1.5	18.9	37	38	59	65	66	4	6	1.5	1.5
32307	35	80	32.75	31	25	2	1.5	20.4	44	43	66	71	74	4	8.5	2	1.5
32308	40	90	35.25	33	27	2	1.5	23.3	49	49	73	81	83	4	8.5	2	1.5
32309	45	100	38.25	36	30	2	1.5	5.6	54	56	82	91	93	4	8.5	2	1.5
32310	50	110	42.25	40	33	2.5	2	28.2	60	61	90	100	102	5	9.5	2	2
32311	55	120	45.5	43	35	2.5	2	30.4	65	66	99	110	111	5	10	2.5	2
32312	60	310	48.5	46	37	3	2.5	32	72	72	107	118	122	6	11.5	2.5	2.1
32313	65	140	51	48	39	3	2.5	34.3	77	79	117	128	131	6	12	2.5	2.1
32314	70	150	54	51	42	3	2.5	36.5	82	84	125	138	141	6	12	2.5	2.1
32315	75	160	58	55	45	3	2.5	39.4	87	91	133	148	150	7	13	2.5	2.1
32316	80	170	61.5	58	48	3	2.5	42.1	92	97	142	158	160	7	13.5	2.5	2.1
32317	85	180	63.5	60	49	4	3	43.5	99	102	150	166	168	8	14.5	3	2.5
32318	90	190	67.5	64	53	4	3	46.2	104	107	157	176	178	8	14.5	3	2.5
32319	95	200	71.5	67	55	4	3	49	109	114	166	186	187	8	16.5	3	2.5
32320	100	215	77.5	73	60	4	3	52.9	114	122	177	201	201	8	17.5	3	2.5

注：r_{smin} 等含义同上表。

3. 推力球轴承（摘自 GB/T 301—2015）—51000 型

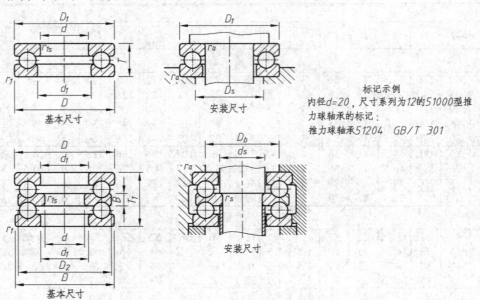

标记示例
内径d=20，尺寸系列为12的51000型推
力球轴承的标记：
推力球轴承51204 GB/T 301

基本尺寸

安装尺寸

基本尺寸

安装尺寸

附表 4-3　推力球轴承相关参数　　　　　单位：mm

轴承代号		基本尺寸												安装尺寸					
		d	d_1	D	T	T_1	d_1 min	D_1 max	D_2 max	B	r_1 min	r_{1s} min	d_s min	D_s max	D_b min	d_s max	r_s max	r_s max
12（51000 型），22（52000 型）尺寸系列																		
51200	—	10	—	26	11	—	12	26		—	0.6	—	20	16		—	0.6	—
51201	—	12	—	28	11	—	14	28		—	0.6	—	22	18		—	0.6	—
51202	52202	15	10	32	12	22	17	32	32	5	0.6	0.3	25	22	15	0.6	0.3	
51203	—	17	—	35	12	—	19	35		—	0.6	—	28	24		—	0.6	—
51204	52204	20	15	40	14	26	22	40	40	6	0.6	0.3	32	28	20	0.6	0.3	
51205	52205	25	20	47	15	28	27	47	47	7	0.6	0.3	38	34	25	0.6	0.3	
51206	52206	30	25	52	16	29	32	52	52	7	0.6	0.3	43	39	30	0.6	0.3	
51207	52207	35	30	62	18	34	37	62	62	8	1	0.3	51	46	35	1	0.3	
51208	52208	40	30	68	19	36	42	68	68	9	1	0.6	57	51	40	1	0.6	
51209	52209	45	35	73	20	37	301	73	73	9	1	0.6	62	56	45	1	0.6	
51210	52210	50	40	78	22	39	52	78	78	9	1	0.6	67	61	50	1	0.6	
51211	52211	55	45	90	25	45	57	90	90	10	1	0.6	76	69	55	1	0.6	
51212	52212	60	50	95	26	46	62	95	95	10	1	0.6	81	74	60	1	0.6	
51213	52213	65	55	100	27	47	67	100		10	1	0.6	86	79	79	65	1	0.6
51214	52214	70	55	105	27	47	72	105		10	1	1	91	84	84	70	1	1
51215	52215	75	60	110	27	47	77	110		10	1	1	96	89	89	75	1	1
51216	52216	80	65	115	28	48	82	115		10	1	1	101	94	94	80	1	1
51217	52217	85	70	125	31	55	88	125		12	1	1	109	101	109	85	1	1
51218	52218	90	75	135	35	62	93	135		14	1.1	1	117	108	108	90	1	1
51220	52220	100	85	150	38	67	103	150		15	1.1	1	130	120	120	100	1	1

续附表 4-3

轴承代号		基本尺寸											安装尺寸					
		d	d_1	D	T	T_1	d_1 min	D_1 max	D_2 max	B	r_1 min	r_{1s} min	d_s min	D_s max	D_b min	d_s max	r_s max	r_s max
13（51000 型），23（52000 型）尺寸系列																		
51304	—	20	—	47	18	—	22	47		—	1	—	36	31	—	—	1	—
51305	52305	25	20	52	18	34	27	52		8	1	0.3	41	36	36	25	1	0.3
51306	52306	30	25	60	21	38	32	60		9	1	0.3	48	42	42	30	1	0.3
51307	52307	35	30	68	24	44	37	68		10	1	0.3	55	48	48	35	1	0.3
51308	52308	40	30	78	26	49	42	78		12	1	0.6	63	55	55	40	1	0.6
51309	52309	45	35	85	28	52	47	85		12	1	0.6	69	61	61	45	1	0.6
51310	52310	50	40	95	31	58	52	95		14	1.1	0.6	77	68	68	50	1	0.6
51311	52311	55	45	105	35	64	57	105		15	1.1	0.6	85	75	75	55	1	0.6
51312	52312	60	50	110	35	64	62	110		15	1.1	0.6	90	80	80	60	1	0.6
51313	52313	65	55	115	36	65	67	115		15	1.1	0.6	95	85	85	65	1	0.6
51314	52314	70	55	125	40	72	72	125		16	1.1	1	103	92	92	70	1	1
51315	52315	75	60	135	44	79	77	135		18	1.5	1	111	99	99	75	1.5	1
51316	52316	80	65	140	44	79	82	140		18	1.5	1	116	104	104	80	1.5	1
51317	52317	85	70	150	49	87	88	150		19	1.5	1	124	111	114	85	1.5	1
51318	52318	90	75	155	50	88	93	155		19	1.5	1	129	116	116	90	1.5	1
51320	52320	100	85	170	55	97	103	170		21	1.5	1	142	128	128	100	1.5	1
14（51000 型），24（52000 型）尺寸系列																		
51405	52405	25	15	60	24	45	27	60		11	1	0.6	46	39		25	1	0.6
51406	52406	30	20	70	28	52	32	70		12	1	0.6	54	46		30	1	0.6
51407	52407	35	25	80	32	59	37	80		14	1.1	0.6	62	53		35	1	0.6
51408	52408	40	30	90	36	65	42	90		15	1.1	0.6	70	60		40	1	0.6
51409	52409	45	35	100	39	72	47	100		17	1.1	0.6	78	67		45	1	0.6
51410	52410	50	40	110	43	78	52	110		18	1.5	0.6	86	74		50	1.5	0.6
51411	52411	55	45	120	48	87	57	120		20	1.5	0.6	94	81		55	1.5	0.6
51412	52412	60	50	130	51	93	62	130		21	1.5	0.6	102	88		60	1.5	0.6
51413	52413	65	50	140	56	101	68	140		23	2	1	110	95		65	2.0	1
51414	52414	70	55	150	60	107	73	150		24	2	1	118	102		70	2.0	1
51415	52415	75	60	160	65	115	78	160	160	26	2	1	125	110		75	2.0	1
51416	—	80	—	170	68	—	83	170	—	—	2.1	—	133	117		—	2.1	—
51417	52417	85	65	180	72	128	88	177	179.5	29	2.1	1.1	141	124		85	2.1	1
51418	52418	90	70	190	77	135	93	187	189.5	30	2.1	1.1	149	131		90	2.1	1
51420	52420	100	80	210	85	150	103	205	209.5	33	3	1.1	165	145		100	2.5	1

注：$r_{a\,min}$ 等含义同上表。

附录五　极限与配合

1. 标准公差数值（摘自 GB/T 1800—2009）

附表 5-1　标准公差数值

公称尺寸（mm）		标准公差等级																
大于	至	IT1	IT2	IT3	IT4	IT5	IT6	IT7	IT8	IT9	IT10	IT11	IT12	IT13	IT14	IT15	IT16	IT17	IT18
		μm											mm						
—	3	0.8	1.2	2	3	4	6	10	14	25	40	60	0.1	0.14	0.25	0.4	0.6	1	1.4
3	6	1	1.5	2.5	4	5	8	12	18	30	48	75	0.12	0.18	0.3	0.48	0.75	1.2	1.8
6	10	1	1.5	2.5	4	6	9	15	22	36	58	90	0.15	0.22	036	0.58	0.9	1.5	2.2
10	18	1.1	2	3	5	8	11	18	27	43	70	110	0.18	0.27	0.43	0.7	1.1	1.8	2.7
18	30	1.5	2.5	4	6	9	13	21	33	52	84	130	0.21	0.33	052	0.84	1.3	2.1	3.3
30	50	1.5	2.5	4	7	11	16	25	39	62	100	160	0.25	0.39	0.62	1	1.6	2.5	3.9
50	80	2	3	5	8	13	19	30	46	74	120	190	03	0.46	0.74	1.2	1.9	3	4.6
80	120	2.5	4	6	10	15	22	35	54	87	140	220	0.35	0.54	0.87	1.4	2.2	3.5	5.4
12	180	3.5	5	8	12	18	25	40	63	100	160	250	0.4	0.63	1	1.6	2.5	4	6.3
180	250	4.5	7	10	14	20	29	46	72	115	185	290	0.46	0.72	1.15	1.85	2.9	4.6	7.2
250	315	6	8	12	16	23	32	52	81	130	210	320	0.52	0.81	1.3	2.1	3.2	5.2	8.1
315	400	7	9	13	18	25	36	57	89	140	230	360	0.57	0.89	1.4	2.3	3.6	5.7	8.9
400	500	8	10	15	20	27	40	63	97	155	250	400	0.63	0.97	1.55	2.5	4	6.3	9.7
500	630	9	11	16	22	32	44	70	110	175	280	440	0.7	1.1	1.75	2.8	4.4	7	11
630	800	10	13	18	25	36	50	80	125	200	320	500	0.8	1.25	2	3.2	5	8	12.5
800	1 000	11	15	21	28	40	56	90	140	230	360	560	0.9	1.4	2.3	3.6	5.6	9	14
1 000	1 250	13	18	24	33	47	66	105	165	260	420	660	1.05	1.65	2.6	4.2	6.6	10.5	16.5
1 250	1 600	15	21	29	39	55	78	125	195	310	500	780	1.25	1.95	3.1	5	7.8	12.5	19.5
1 600	2 000	18	25	35	46	65	92	150	230	370	600	920	1.5	2.3	3.7	6	9.2	15	23
2 000	2 500	22	30	41	55	78	110	175	280	440	700	1 100	1.75	2.8	4.4	7	11	17.5	28
2 500	3 150	26	36	50	68	96	135	210	330	540	860	1 350	2.1	3.3	5.4	8.6	13.5	21	33

注：① 公称尺寸大于 500 m 的 IT1～IT5 的标准公差数值为试行的。
　　② 公称尺寸小于或等于 1 mm 时，无 IT14～IT18。

标准公差等级 IT01 和 IT0 在工业中很少用到，所以在标准正文中没有给出此两公差等级的标准公差数值，但为满足使用者需要在附表 5-2 中给出了这些数值。

附表 5-2　IT01 和 IT0 的标准公差数值

基本尺寸（mm）		标准公差等级	
大于	至	IT01	IT0
		公差（μm）	
—	3	0.3	0.5
3	6	0.4	0.6
6	10	0.4	0.6
10	18	0.5	0.8
18	30	0.6	1
30	50	0.6	1
50	80	0.8	1.2
80	120	1	1.5
120	180	1.25	2
180	250	2	3
250	315	2.5	4
315	400	3	5
400	500	4	6

2. 基本尺寸至 500 mm 的轴、孔公差带（摘自 GB/T 1801—2009）

附表 5-3　基本尺寸至 500 mm 的轴、孔公差带

基本尺寸至 500 mm 的轴公差带规定如下，选择时，应优先选用圆圈中的公差带，其次选用方框中的公差带，最后选用其他的公差带。

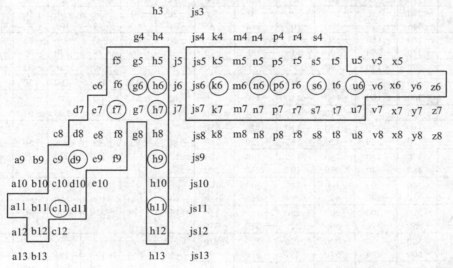

基本尺寸至 500 mm 的孔公差带规定如下，选择时，应优先选用圆圈中的公差带，其次选用方框中的公差带，最后选用其他的公差带。

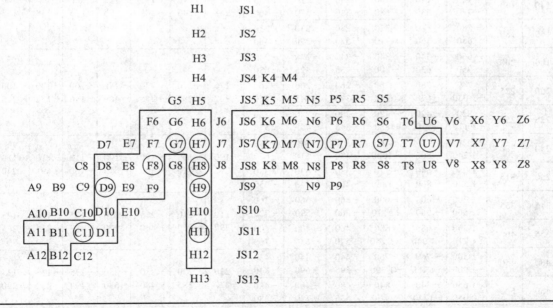

3. 优先选用及其次选用(常用)公差带极限偏差数值表(摘自 GB/T 1800.4—2009)

(1)轴。

附表 5-4　常用及优先轴公差带极限偏差　　　　　　　单位：μm

基本尺寸(mm) 大于	至	常用及优先公差带(带*者为优先公差带) a11	b11	b12	c9	c10	c11*	d8	d9*	d10	d11	e7	e8	e9
—	3	−270/−330	−140/−2.00	−140/−240	−60/−85	−60/−100	−60/−120	−20/−34	−20/−45	−20/−60	−20/−80	−14/−24	−14/−28	−14/−39
3	6	−270/−345	−140/−215	−140/−260	−70/−100	−70/−118	−70/−145	−30/−48	−30/−60	−30/−78	−30/−105	−20/−32	−20/−38	−20/−50
6	10	−280/−370	−150/−240	−150/−300	−80/−116	−80/−138	−80/−170	−40/−62	−40/−76	−40/−98	−40/−130	−25/−40	−25/−47	−25/−61
10	14	−290/−400	−150/−260	−150/−330	−95/−138	−95/−165	−95/−205	−50/−77	−50/−93	−50/−120	−50/−160	−32/−50	−32/−59	−32/−75
14	18													
18	24	−300/−430	−160/−290	−160/−370	−110/−162	−110/−194	−110/−240	−65/−98	−65/−117	−65/−149	−65/−195	−40/−61	−40/−73	−40/−92
24	30													
30	40	−310/−470	−170/−330	−170/−420	−120/−182	−120/−220	−120/−280	−80/−119	−80/−142	−80/−180	−80/−240	−50/−75	−50/−89	−50/−112
40	50	−320/−480	−180/−340	−180/−430	−130/−192	−130/−230	−130/−290							
50	65	−340/−530	−190/−380	−190/−490	−140/−214	−140/−260	−140/−330	−100/−146	−100/−174	−100/−220	−100/−290	−60/−90	−60/−106	−60/−134
65	80	−360/−550	−200/−390	−200/−500	−150/−224	−150/−270	−150/−340							
80	100	−380/−600	−230/−448	−220/−570	−170/−257	−170/−310	−170/−390	−120/−174	−120/−207	−120/−260	−120/−340	−72/−107	−72/−126	−72/−159
100	120	−410/−630	−240/−460	−240/−580	−180/−267	−180/−320	−180/−400							
120	140	−460/−710	−260/−510	−260/−660	−200/−300	−200/−360	−200/−450	−145/−208	−145/−245	−145/−305	−145/−395	−85/−125	−85/−148	−85/−185
140	160	−520/−770	−280/−530	−280/−680	−210/−310	−210/−370	−210/−460							
160	180	−580/−830	−310/−560	−310/−710	−230/−330	−230/−390	−230/−480							
180	200	−660/−950	−340/−630	−340/−800	−240/−355	−240/−425	−240/−530	−170/−242	−170/−285	−170/−355	−170/−460	−100/−146	−100/−172	−100/−215
200	225	−740/−1 030	−380/−670	−380/−840	−260/−375	−260/−445	−260/−550							
225	250	−820/−1 110	−420/−710	−420/−880	−280/−395	−280/−465	−280/−570							
250	280	−920/−1 240	−480/−800	−480/−1000	−300/−430	−300/−510	−300/−620	−190/−271	−190/−320	−190/−400	−190/−510	−110/−162	−110/−191	−110/−240
280	315	−1 050/−1 370	−540/−860	−540/−1060	−330/−460	−330/−540	−330/−650							
315	355	−1 200/−1 560	−600/−960	−600/−1170	−360/−500	−360/−590	−360/−720	−210/−299	−210/−350	−210/−440	−210/−570	−125/−182	−125/−214	−125/−265
355	400	−1 350/−1 710	−680/−1 040	−680/−1 250	−400/−540	−400/−630	−400/−760							
400	450	−1 500/−1 900	−760/−1 160	−760/−1 390	−440/−595	−440/−690	−440/−840	−230/−327	−230/−385	−230/−480	−230/−630	−135/−198	−135/−232	−135/−290
450	500	−1 650/−2 050	−840/−1240	−840/−1470	−480/−635	−480/−730	−480/−880							

续附表 5-4

| 基本尺寸（mm） | | 常用及优先公差带（带*者为优先公差带） | | | | | | | | | | | | | | | |
| 大于 | 至 | f | | | | | g | | | h | | | | | | | |
		5	6	7*	8	9	5	6*	7	5	6*	7*	8	9*	10	11*	12
—	3	−6 −10	−6 −12	−6 −16	−6 −20	−6 −31	−2 −6	−2 −8	−2 −12	0 −4	0 −6	0 −10	0 −14	0 −25	0 −40	0 −60	0 −100
3	6	−10 −15	−10 −18	−10 −22	−10 −28	−10 −40	−4 −9	−4 −12	−4 −16	0 −5	0 −8	0 −12	0 −18	0 −30	0 −48	0 −75	0 −120
6	10	−13 −19	−13 −22	−13 −28	−13 −35	−13 −49	−5 −11	−5 −14	−5 −20	0 −6	0 −9	0 −15	0 −22	0 −36	0 −58	0 −90	0 −150
10	14	−16 −24	−16 −27	−16 −34	−16 −43	−16 −59	−6 −14	−6 −17	−6 −24	0 −8	0 −11	0 −18	0 −27	0 −43	0 −70	0 −110	0 −180
14	18																
18	24	−20 −29	−20 −33	−20 −41	−20 −53	−20 −72	−7 −16	−7 −20	−7 −28	0 −9	0 −13	0 −24	0 −38	0 −52	0 −84	0 −130	0 −210
24	30																
30	40	−25 −36	−25 −41	−25 −50	−25 −64	−25 −87	−9 −20	−9 −25	−9 −34	0 −11	0 −16	0 −25	0 −39	0 −62	0 −100	0 −160	0 −250
40	50																
50	65	−30 −43	−30 −49	−30 −60	−30 −76	−30 −104	−10 −23	−10 −29	−10 −40	0 −13	0 −19	0 −30	0 −46	0 −74	0 −120	0 −190	0 −300
65	80																
80	100	−36 −51	−36 −58	−36 −71	−36 −90	−36 −123	−12 −27	−12 −34	−12 −47	0 −15	0 −22	0 −35	0 −54	0 −87	0 −140	0 −220	0 −350
100	120																
120	140	−43 −61	−43 −68	−43 −83	−43 −106	−43 −143	−14 −32	−14 −39	−14 −54	0 −18	0 −25	0 −40	0 −63	0 −100	0 −160	0 −250	0 −400
140	160																
160	180																
180	200	−50 −70	−50 −79	−50 −96	−50 −122	−50 −165	−15 −35	−15 −44	−15 −61	0 −20	0 −29	0 −46	0 −72	0 −115	0 −185	0 −290	0 −460
200	225																
225	250																
250	280	−56 −79	−56 −88	−56 −108	−56 −137	−56 −186	−17 −40	−17 −49	−17 −69	0 −23	0 −32	0 −52	0 −81	0 −130	0 −210	0 −320	0 −520
280	315																
315	355	−62 −87	−62 −98	−62 −119	−62 −151	−62 −202	−18 −43	−18 −54	−18 −75	0 −25	0 −36	0 −57	0 −89	0 −140	0 −230	0 −360	0 −570
355	400																
400	450	−68 −95	−68 −108	−68 −131	−68 −165	−68 −223	−20 −47	−20 −60	−20 −83	0 −27	0 −40	0 −63	0 −97	0 −155	0 −250	0 −400	0 −630
450	500																

基本尺寸 mm		常用及优先公差带（带*者为优先公差带）														
		js			k			m			n			p		
大于	至	5	6	7	5	6*	7	5	6	7	5	6*	7	5	6*	7
—	3	±2	±3	±5	+4/0	+6/0	+10/0	+6/+2	+8/+2	+12/+2	+8/+4	+10/+4	+14/+4	+10/+6	+12/+6	+16/+6
3	6	±2.5	±4	±6	+6/+1	+9/+1	+13/+1	+9/+4	+12/+4	+16/+4	+13/+8	+16/+8	+20/+8	+17/+12	+20/+12	+24/+12
6	10	±3	±4.5	±7	+7/+1	+10/+1	+16/+1	+12/+6	+15/+6	+21/+6	+16/+10	+19/+10	+25/+10	+21/+15	+24/+15	+30/+15
10	14	±4	±5.5	±9	+9/+1	+12/+1	+19/+1	+15/+7	+18/+7	+25/+7	+20/+12	+23/+12	+30/+12	+26/+18	+29/+18	+36/+18
14	18	±4	±5.5	±9	+9/+1	+12/+1	+19/+1	+15/+7	+18/+7	+25/+7	+20/+12	+23/+12	+30/+12	+26/+18	+29/+18	+36/+18
18	24	±4.5	±6.5	±10	+11/+2	+15/+2	+23/+2	+17/+8	+21/+8	+29/+8	+24/+15	+28/+15	+36/+15	+31/+22	+35/+22	+43/+22
24	30	±4.5	±6.5	±10	+11/+2	+15/+2	+23/+2	+17/+8	+21/+8	+29/+8	+24/+15	+28/+15	+36/+15	+31/+22	+35/+22	+43/+22
30	40	±5.5	±8	±12	+13/+2	+18/+2	+27/+2	+20/+9	+25/+9	+34/+9	+28/+17	+33/+17	+42/+17	+37/+26	+42/+26	+51/+26
40	50	±5.5	±8	±12	+13/+2	+18/+2	+27/+2	+20/+9	+25/+9	+34/+9	+28/+17	+33/+17	+42/+17	+37/+26	+42/+26	+51/+26
50	65	±6.5	±9.5	±15	+15/+2	+21/+2	+32/+2	+24/+11	+30/+11	+41/+11	+33/+20	+39/+20	+50/+20	+45/+32	+51/+32	+62/+32
65	80	±6.5	±9.5	±15	+15/+2	+21/+2	+32/+2	+24/+11	+30/+11	+41/+11	+33/+20	+39/+20	+50/+20	+45/+32	+51/+32	+62/+32
80	100	±7.5	±11	±17	+18/+3	+25/+3	+38/+3	+28/+13	+35/+13	+48/+13	+38/+23	+45/+23	+58/+23	+52/+37	+59/+37	+72/+37
100	120	±7.5	±11	±17	+18/+3	+25/+3	+38/+3	+28/+13	+35/+13	+48/+13	+38/+23	+45/+23	+58/+23	+52/+37	+59/+37	+72/+37
120	140	±9	±12.5	±20	+21/+3	+28/+3	+43/+3	+33/+15	+40/+15	+55/+15	+45/+27	+52/+27	+67/+27	+61/+43	+68/+43	+83/+43
140	160	±9	±12.5	±20	+21/+3	+28/+3	+43/+3	+33/+15	+40/+15	+55/+15	+45/+27	+52/+27	+67/+27	+61/+43	+68/+43	+83/+43
160	180	±9	±12.5	±20	+21/+3	+28/+3	+43/+3	+33/+15	+40/+15	+55/+15	+45/+27	+52/+27	+67/+27	+61/+43	+68/+43	+83/+43
180	200	±10	±14.5	±23	+24/+4	+33/+4	+50/+4	+37/+17	+46/+17	+63/+17	+51/+31	+60/+31	+77/+31	+70/+50	+79/+50	+96/+50
200	225	±10	±14.5	±23	+24/+4	+33/+4	+50/+4	+37/+17	+46/+17	+63/+17	+51/+31	+60/+31	+77/+31	+70/+50	+79/+50	+96/+50
225	250	±10	±14.5	±23	+24/+4	+33/+4	+50/+4	+37/+17	+46/+17	+63/+17	+51/+31	+60/+31	+77/+31	+70/+50	+79/+50	+96/+50
250	280	±11.5	±16	±26	+27/+4	+36/+4	+56/+4	+43/+20	+52/+20	+72/+20	+57/+34	+66/+34	+86/+34	+79/+56	+88/+56	+108/+56
280	315	±11.5	±16	±26	+27/+4	+36/+4	+56/+4	+43/+20	+52/+20	+72/+20	+57/+34	+66/+34	+86/+34	+79/+56	+88/+56	+108/+56
315	355	±12.5	±18	±28	+29/+4	+40/+4	+61/+4	+46/+21	+57/+21	+78/+21	+62/+37	+73/+37	+94/+37	+87/+62	+98/+62	+119/+62
355	400	±12.5	±18	±28	+29/+4	+40/+4	+61/+4	+46/+21	+57/+21	+78/+21	+62/+37	+73/+37	+94/+37	+87/+62	+98/+62	+119/+62
400	450	±13.5	±20	±31	+32/+5	+45/+5	+68/+5	+50/+23	+63/+23	+86/+23	+67/+40	+80/+40	+103/+40	+95/+68	+108/+68	+131/+68
450	500	±13.5	±20	±31	+32/+5	+45/+5	+68/+5	+50/+23	+63/+23	+86/+23	+67/+40	+80/+40	+103/+40	+95/+68	+108/+68	+131/+68

基本尺寸 (mm) 大于	至	r 5	r 6	r 7	s 5	s 6*	s 7	t 5	t 6	t 7	u 6*	u 7	v 6	x 6	y 6	z 6
—	3	+14/+10	+16/+10	+20/+10	+18/+14	+20/+14	+24/+14	—	—	—	+24/+18	+28/+18	—	+26/+20	—	+32/+26
3	6	+20/+15	+23/+15	+27/+15	+24/+19	+27/+19	+31/+19	—	—	—	+31/+23	+35/+23	—	+36/+28	—	+43/+35
6	10	+25/+19	+28/+19	+34/+19	+29/+23	+32/+23	+38/+23	—	—	—	+37/+28	+43/+28	—	+43/+34	—	+51/+42
10	14	+31/+23	+34/+23	+41/+23	+36/+28	+39/+28	+46/+28	—	—	—	+44/+33	+51/+33	—	+51/+40	—	+61/+50
14	18	+31/+23	+34/+23	+41/+23	+36/+28	+39/+28	+46/+28	—	—	—	+44/+33	+51/+33	+50/+39	+56/+45	—	+71/+60
18	24	+37/+28	+41/+28	+49/+28	+44/+35	+48/+35	+56/+35	—	—	—	+54/+41	+62/+41	+60/+41	+67/+54	+76/+63	+86/+73
24	30	+37/+28	+41/+28	+49/+28	+44/+35	+48/+35	+56/+35	+50/+41	+54/+41	+62/+41	+61/+48	+69/+48	+68/+55	+77/+64	+88/+75	+101/+88
30	40	+45/+34	+50/+34	+59/+34	+54/+43	+59/+43	+68/+43	+59/+48	+64/+48	+73/+48	+76/+60	+85/+60	+84/+68	+96/+80	+110/+94	+128/+112
40	50	+45/+34	+50/+34	+59/+34	+54/+43	+59/+43	+68/+43	+65/+54	+70/+54	+79/+54	+86/+70	+95/+70	+97/+81	+113/+97	+130/+114	+152/+136
50	65	+54/+41	+60/+41	+71/+41	+66/+53	+72/+53	+83/+53	+79/+66	+85/+66	+96/+66	+106/+87	+117/+87	+121/+102	+141/+122	+163/+144	+191/+172
65	80	+56/+43	+62/+43	+73/+43	+72/+59	+78/+59	+89/+59	+88/+75	+94/+75	+105/+75	+121/+102	+132/+102	+139/+120	+165/+146	+193/+174	+229/+210
80	100	+66/+51	+73/+51	+86/+51	+86/+71	+93/+71	+106/+71	+106/+91	+113/+91	+126/+91	+146/+124	+159/+124	+168/+146	+200/+178	+236/+214	+280/+258
100	120	+69/+54	+76/+54	+89/+54	+94/+79	+101/+79	+114/+79	+119/+104	+126/+104	+139/+104	+166/+144	+179/+144	+194/+172	+232/+210	+276/+254	+332/+310
120	140	+81/+63	+88/+63	+103/+63	+110/+92	+117/+92	+132/+92	+140/+122	+147/+122	+162/+122	+195/+170	+210/+170	+227/+202	+273/+248	+325/+300	+390/+365
140	160	+83/+65	+90/+65	+105/+65	+118/+100	+125/+100	+140/+100	+152/+134	+159/+134	+174/+134	+215/+190	+230/+190	+253/+228	+305/+280	+365/+340	+440/+415
160	180	+86/+68	+93/+68	+108/+68	+126/+108	+133/+108	+148/+108	+164/+146	+171/+146	+186/+146	+235/+210	+250/+210	+277/+252	+335/+310	+405/+380	+490/+465
180	200	+97/+77	+106/+77	+123/+77	+142/+122	+151/+122	+168/+122	+186/+166	+195/+166	+212/+166	+265/+236	+282/+236	+313/+284	+379/+350	+454/+425	+549/+520
200	225	+100/+80	+109/+80	+126/+80	+150/+130	+159/+130	+176/+130	+200/+180	+209/+180	+226/+180	+287/+258	+304/+258	+339/+310	+414/+385	+499/+470	+604/+575
225	250	+104/+84	+113/+84	+130/+84	+160/+140	+169/+140	+186/+140	+216/+196	+225/+196	+242/+196	+313/+284	+330/+284	+369/+340	+454/+425	+549/+520	+669/+640
250	280	+117/+94	+129/+94	+146/+94	+181/+158	+190/+158	+210/+158	+241/+218	+250/+218	+270/+218	+347/+315	+367/+315	+417/+385	+507/+475	+612/+580	+742/+710
280	315	+121/+98	+130/+98	+150/+98	+193/+170	+202/+170	+222/+170	+263/+240	+272/+240	+292/+240	+382/+350	+402/+350	+457/+425	+557/+525	+682/+650	+822/+790
315	355	+133/+108	+144/+108	+165/+108	+215/+190	+226/+190	+247/+190	+293/+268	+304/+268	+325/+268	+426/+390	+447/+390	+511/+475	+626/+590	+766/+730	+936/+906
355	400	+139/+114	+150/+114	+171/+114	+233/+208	+244/+208	+265/+208	+319/+294	+330/+294	+351/+294	+471/+435	+492/+435	+566/+530	+696/+660	+850/+820	+1 036/+1 000
400	450	+153/+126	+166/+126	+189/+126	+259/+232	+272/+232	+295/+232	+357/+330	+370/+330	+393/+330	+530/+490	+553/+490	+635/+595	+780/+740	+960/+920	+1 140/+1 100
450	500	+159/+132	+172/+132	+195/+132	+279/+252	+292/+252	+315/+252	+387/+360	+400/+360	+423/+360	+580/+540	+603/+540	+T00/+660	+860/+820	+1 040/+1 000	+1 290/+1 250

注：基本尺寸小于 1 mm 时，各级的 a 和 b 均不采用。

（2）孔。

附表 5-5　常用及优先孔公差带极限偏差　　　　　单位：μm

基本尺寸(mm) 大于	至	A 11	B 11	B 12	C 11*	D 8	D 9*	D 10	D 11	E 8	E 9	F 6	F 7	F 8*	F 9	G 6	G 7*
—	3	+330 +270	+200 +140	+240 +140	+120 +60	+34 +20	+45 +20	+60 +20	+80 +20	+28 +14	+39 +14	+12 +6	+16 +6	+20 +6	+31 +6	+8 +2	+12 +2
3	6	+345 +270	+215 +140	+260 +140	+145 +70	+48 +30	+60 +30	+78 +30	+105 +30	+38 +20	+50 +20	+18 +10	+22 +10	+28 +10	+40 +10	+12 +4	+16 +4
6	10	+370 +280	+240 +150	+300 +150	+170 +80	+62 +40	+76 +40	+98 +40	+130 +40	+47 +25	+61 +25	+22 +13	+28 +13	+35 +13	+49 +13	+14 +5	+20 +5
10	14	+400 +290	+260 +150	+320 +150	+205 +95	+77 +50	+93 +50	+120 +50	+160 +50	+59 +32	+75 +32	+27 +16	+34 +16	+43 +16	+59 +16	+17 +6	+24 +6
14	18																
18	24	+430 +300	+290 +160	+370 +160	+240 +110	+98 +65	+117 +65	+149 +65	+195 +65	+73 +40	+92 +40	+33 +20	+41 +20	+53 +20	+72 +20	+20 +7	+28 +7
24	30																
30	40	+470 +310	+330 +170	+420 +170	+280 +120	+119 +80	+142 +80	+180 +80	+240 +80	+89 +50	+112 +50	+41 +25	+50 +25	+64 +25	+87 +25	+25 +9	+34 +9
40	40	+480 +320	+340 +180	+480 +180	+290 +130												
50	65	+530 +340	+380 +190	+490 +190	+330 +140	+146 +100	+170 +100	+220 +100	+290 +100	+106 +60	+134 +60	+49 +30	+60 +30	+76 +30	+104 +30	+29 +10	+40 +10
65	80	+550 +360	+390 +200	+500 +200	+340 +150												
80	100	+600 +380	+440 +220	+570 +220	+390 +170	+174 +120	+207 +120	+260 +120	+340 +120	+126 +72	+159 +72	+58 +36	+71 +36	+90 +36	+123 +36	+34 +12	+47 +12
100	120	+630 +410	+460 +240	+590 +240	+400 +180												
120	140	+710 +460	+510 +260	+660 +260	+450 +200	+208 +145	+245 +145	+305 +145	+395 +145	+148 +85	+185 +85	+68 +43	+83 +43	+106 +43	+143 +43	+39 +14	+54 +14
140	160	+770 +520	+530 +280	+680 +280	+460 +210												
160	180	+830 +580	+560 +310	+710 +310	+480 +230												
180	200	+950 +660	+630 +340	+800 +340	+530 +240	+242 +170	+285 +170	+355 +170	+460 +170	+172 +100	+215 +100	+79 +50	+96 +50	+122 +50	+165 +50	+44 +15	+61 +15
200	225	+1030 +740	+670 +330	+840 +380	+550 +260												
225	250	+1110 +820	+710 +420	+880 +420	+570 +380												
250	280	+1240 +920	+800 +480	+1000 +480	+620 +300	+271 +190	+320 +190	+400 +190	+510 +190	+191 +110	+240 +110	+88 +56	+108 +56	+137 +56	+186 +56	+49 +17	+69 +17
280	315	+1370 +1050	+860 +540	+1060 +540	+650 +330												
315	355	+1560 +1200	+960 +600	+1170 +600	+720 +360	+299 +210	+350 +210	+440 +210	+570 +210	+214 +125	+265 +125	+98 +62	+119 +62	+151 +62	+292 +62	+54 +18	+75 +18
355	400	+1710 +1350	+1040 +680	+1250 +630	+760 +400												
400	450	+1900 +1500	+1160 +760	+1390 +760	+840 +440	+327 +230	+385 +230	+480 +230	+630 +230	+232 +135	+290 +165	+108 +68	+131 +68	+165 +68	+223 +68	+60 +20	+83 +20
450	500	+2050 +1650	+1240 +840	+1470 +840	+880 +480												

基本尺寸（mm）		常用及优先公差带（带*者为优先公差带）															
		H							Js			K			M		
大于	至	6	7*	8*	9*	10	11*	12	6	7	8	6	7*	8	6	7	8
—	3	+6 / 0	+10 / 0	+14 / 0	+25 / 0	+40 / 0	+60 / 0	+100 / 0	±3	±5	±7	0 / −6	0 / −10	0 / −14	−2 / −8	−2 / −12	−2 / −16
3	6	+8 / 0	+12 / 0	+18 / 0	+30 / 0	+48 / 0	+75 / 0	+120 / 0	±4	±6	+9	+2 / −6	+3 / −9	+5 / −13	−1 / −9	0 / −12	+2 / −16
6	10	+9 / 0	+15 / 0	+22 / 0	+36 / 0	+58 / 0	+90 / 0	+150 / 0	±4.5	±7	±11	+2 / −7	+5 / −10	+6 / −16	−3 / −12	0 / −15	+1 / −21
10	14	+11 / 0	+18 / 0	+27 / 0	+43 / 0	+70 / 0	+110 / 0	+180 / 0	±5.5	±9	±13	+2 / −9	+6 / −12	+8 / −19	−4 / −15	0 / −18	+2 / −25
14	18																
18	24	+13 / 0	+21 / 0	+33 / 0	+52 / 0	+84 / 0	+130 / 0	+210 / 0	±6.5	±10	±16	+2 / −11	+6 / −15	+10 / −23	−4 / −17	0 / −21	+4 / −29
24	30																
30	40	+16 / 0	+25 / 0	+39 / 0	+62 / 0	+100 / 0	+160 / 0	+250 / 0	±8	±12	±19	+3 / −13	+7 / −18	+12 / −27	−4 / −20	0 / −25	+5 / −34
40	40																
50	65	+19 / 0	+30 / 0	+46 / 0	+74 / 0	+120 / 0	+190 / 0	+300 / 0	±9.5	±15	±23	+4 / −15	+9 / −21	+14 / −32	−5 / −24	0 / −30	+5 / −41
65	80																
80	100	+22 / 0	+35 / 0	+54 / 0	+87 / 0	+140 / 0	+220 / 0	+350 / 0	±11	±17	±27	+4 / −18	+10 / −25	+16 / −38	−6 / −28	0 / −35	+6 / −48
100	120																
120	140	+25 / 0	+40 / 0	+63 / 0	+100 / 0	+160 / 0	+250 / 0	+400 / 0	±12.5	±20	±31	+4 / −21	+12 / −28	+20 / −43	−8 / −33	0 / −40	+8 / −55
140	160																
160	180																
180	200	+29 / 0	+46 / 0	+72 / 0	+115 / 0	+185 / 0	+290 / 0	+460 / 0	±14.5	±23	±36	+5 / −24	+13 / −33	+22 / −50	−8 / −37	0 / −46	+9 / −63
200	225																
225	250																
250	280	+32 / 0	+52 / 0	+81 / 0	+130 / 0	+210 / 0	+320 / 0	+520 / 0	±16	±26	±40	+5 / −27	+16 / −36	+25 / −56	−9 / −41	0 / −52	+9 / −72
280	315																
315	355	+36 / 0	+57 / 0	+89 / 0	+140 / 0	+230 / 0	+360 / 0	+570 / 0	±18	±28	±44	+7 / −29	+17 / −40	+28 / −61	−10 / −46	0 / −57	+11 / −78
355	400																
400	450	+40 / 0	+63 / 0	+97 / 0	+155 / 0	+250 / 0	+400 / 0	+630 / 0	±20	±31	±48	+8 / −32	+18 / −45	+29 / −68	−10 / −50	0 / −63	+11 / −86
450	500																

基本尺寸(mm)		常用及优先公差带（带*者为优先公差带）											
		N			P		R		S		T		U
大于	至	6	7*	8	6	7*	6	7	6	7*	6	7	7*
—	3	-4/-10	-4/-14	-4/-18	-6/-12	-6/-16	-10/-16	-10/-20	-14/-20	-14/-24	—	—	-18/-28
3	6	-5/-13	-4/-16	-2/-20	-9/-17	-8/-20	-12/-20	-11/-23	-16/-24	-15/-27	—	—	-19/-31
6	10	-7/-16	-4/-19	-3/-25	-12/-21	-9/-24	-16/-25	-13/-28	-20/-29	-17/-32	—	—	-22/-37
10	14	-9/-20	-5/-23	-3/-30	-15/-26	-11/-29	-20/-31	-16/-34	-25/-36	-21/-39	—	—	-26/-44
14	18	-9/-20	-5/-23	-3/-30	-15/-26	-11/-29	-20/-31	-16/-34	-25/-36	-21/-39	—	—	-26/-44
18	24	-11/-24	-7/-28	-3/-36	-18/-31	-14/-35	-24/-37	-20/-41	-31/-44	-27/-48	—	—	-33/-54
24	30	-11/-24	-7/-28	-3/-36	-18/-31	-14/-35	-24/-37	-20/-41	-31/-44	-27/-48	-37/-50	-33/-54	-40/-61
30	40	-12/-28	-8/-32	-3/-42	-21/-37	-17/-42	-29/-45	-25/-50	-38/-54	-34/-59	-43/-59	-39/-64	-51/-76
40	50	-12/-28	-8/-32	-3/-42	-21/-37	-17/-42	-29/-45	-25/-50	-38/-54	-34/-59	-49/-65	-45/-70	-61/-86
50	65	-14/-33	-9/-39	-4/-50	-26/-45	-21/-51	-35/-54	-30/-60	-47/-66	-42/-72	-60/-79	-55/-85	-76/-106
65	80	-14/-33	-9/-39	-4/-50	-26/-45	-21/-51	-37/-56	-32/-62	-53/-72	-48/-78	-69/-88	-64/-94	-91/-121
80	100	-16/-38	-10/-45	-4/-58	-30/-52	-24/-59	-44/-66	-38/-73	-34/-86	-58/-93	-84/-106	-78/-113	-111/-146
100	120	-16/-38	-10/-45	-4/-58	-30/-52	-24/-59	-47/-69	-41/-76	-72/-94	-66/-101	-97/-119	-91/-126	-131/-166
120	140	-20/-45	-12/-52	-4/-67	-36/-61	-28/-68	-56/-81	-48/-88	-85/-110	-77/-117	-115/-140	-107/-147	-155/-195
140	160	-20/-45	-12/-52	-4/-67	-36/-61	-28/-68	-58/-83	~-50/-90	-93/-118	-85/-125	-127/-152	-119/-159	-175/-215
160	180	-20/-45	-12/-52	-4/-67	-36/-61	-28/-68	-61/-86	-53/-93	-101/-126	-93/-133	-139/-164	-131/-171	-195/-235
180	200	-22/-51	-14/-60	-5/-77	-41/-70	-33/-79	-68/-97	-60/-106	-113/-142	-105/-151	-157/-186	-149/-195	-219/-265
200	225	-22/-51	-14/-60	-5/-77	-41/-70	-33/-79	-71/-100	-63/-109	-121/-150	-113/-159	-171/-200	-163/-209	-241/-287
225	250	-22/-51	-14/-60	-5/-77	-41/-70	-33/-79	-75/-104	-67/-113	-131/-160	-123/-169	-187/-216	-179/-225	-267/-313
250	280	-25/-57	-14/-66	-5/-86	-47/-79	-36/-88	-85/-117	-74/-126	-149/-181	-138/-190	-209/-241	-198/-250	-295/-347
280	315	-25/-57	-14/-66	-5/-86	-47/-79	-36/-88	-89/-121	-78/-130	-161/-193	-150/-202	-231/-263	-220/-272	-330/-382
315	355	-26/-62	-16/-73	-5/-94	-51/-87	-41/-98	-97/-133	-87/-144	-179/-215	-169/-226	-257/-293	-247/-304	-369/-426
355	400	-26/-62	-16/-73	-5/-94	-51/-87	-41/-98	-103/-139	-93/-150	-197/-233	-187/-244	-283/-319	-273/-330	-414/-471
400	450	-27/-67	-17/-80	-6/-103	-55/-95	-45/-108	-113/-153	-103/-166	-219/-259	-209/-272	-347/-357	-307/-370	-467/-530
450	500	-27/-67	-17/-80	-6/-103	-55/-95	-45/-108	-119/-159	-109/-172	-239/-279	-229/-292	-347/-387	-337/-400	-517/-580

注：基本尺寸小于1mm时，各级的 A 和 B 均不采用。

4. 优先和常用配合（摘自 GB/T 1801—2009）

（1）基本尺寸至 500 mm 的基孔制优先和常用配合。

附表 5-6　基孔制优先和常用配合

基准孔	a	b	c	d	e	f	g	h	js	k	m	n	p	r	s	t	u	v	x	y	z
	轴																				
	间 隙 配 合								过 渡 配 合				过 盈 配 合								
H6						$\frac{H6}{f5}$	$\frac{H6}{g5}$	$\frac{H6}{h5}$	$\frac{H6}{js5}$	$\frac{H6}{k5}$	$\frac{H6}{m5}$	$\frac{H6}{n5}$	$\frac{H6}{p5}$	$\frac{H6}{r5}$	$\frac{H6}{s5}$	$\frac{H6}{t5}$					
H7						$\frac{H7}{f6}$	$\frac{H7}{g6}$	$\frac{H7}{h6}$	$\frac{H7}{js6}$	$\frac{H7}{k6}$	$\frac{H7}{m6}$	$\frac{H7}{n6}$	$\frac{H7}{p6}$	$\frac{H7}{r6}$	$\frac{H7}{s6}$	$\frac{H7}{t6}$	$\frac{H7}{u6}$	$\frac{H7}{v6}$	$\frac{H7}{x6}$	$\frac{H7}{y6}$	$\frac{H7}{z6}$
H8					$\frac{H8}{e7}$	$\frac{H8}{f7}$	$\frac{H8}{g7}$	$\frac{H8}{h7}$	$\frac{H8}{js7}$	$\frac{H8}{k7}$	$\frac{H8}{m7}$	$\frac{H8}{n7}$	$\frac{H8}{p7}$	$\frac{H8}{r7}$	$\frac{H8}{s7}$	$\frac{H8}{t7}$	$\frac{H8}{u7}$				
H8				$\frac{H8}{d8}$	$\frac{H8}{e8}$	$\frac{H8}{f8}$		$\frac{H8}{h8}$													
H9			$\frac{H9}{c9}$	$\frac{H9}{d9}$	$\frac{H9}{e9}$	$\frac{H9}{f9}$		$\frac{H9}{h9}$													
H10			$\frac{H10}{c10}$	$\frac{H10}{d10}$				$\frac{H10}{h10}$													
H11	$\frac{H11}{a11}$	$\frac{H11}{b11}$	$\frac{H11}{c11}$	$\frac{H11}{d11}$				$\frac{H11}{h11}$													
H12		$\frac{H12}{b11}$						$\frac{H12}{h12}$													

注：① $\frac{H6}{n5}$、$\frac{H7}{p6}$ 在公称尺寸小于或等于 3 mm 和 $\frac{H8}{r7}$ 在小于或等于 100 mm 时，为过渡配合。

② 标注 ▼ 的配合为优先配合。

（2）基本尺寸至 500 mm 的基轴制优先和常用配合。

附表 5-7　基轴制优先和常用配合

基准轴	A	B	C	D	E	F	G	H	JS	K	M	N	P	R	S	T	U	V	X	Y	Z
	孔																				
			间　隙　配　合						过渡配合				过　盈　配　合								
h5						$\frac{F6}{h5}$	$\frac{G6}{h5}$	$\frac{H6}{h5}$	$\frac{JS6}{h5}$	$\frac{K6}{h5}$	$\frac{M6}{h5}$	$\frac{N6}{h5}$	$\frac{P6}{h5}$	$\frac{R6}{h5}$	$\frac{S6}{h5}$	$\frac{T6}{h5}$					
h6						$\frac{F7}{h6}$	$\frac{G7}{h6}$	$\frac{H7}{h6}$	$\frac{JS7}{h6}$	$\frac{K7}{h6}$	$\frac{M7}{h6}$	$\frac{N7}{h6}$	$\frac{P7}{h6}$	$\frac{R7}{h6}$	$\frac{S7}{h6}$	$\frac{T7}{h6}$	$\frac{U7}{h6}$				
h7					$\frac{E8}{h7}$	$\frac{F8}{h7}$		$\frac{H8}{h7}$	$\frac{JS8}{h7}$	$\frac{K8}{h7}$	$\frac{M8}{h7}$	$\frac{N8}{h7}$									
h8				$\frac{D8}{h8}$	$\frac{E8}{h8}$	$\frac{F8}{h8}$		$\frac{H8}{h8}$													
h9				$\frac{D9}{h9}$	$\frac{E9}{h9}$	$\frac{F9}{h9}$		$\frac{H9}{h9}$													
h10				$\frac{D10}{h10}$				$\frac{H10}{h10}$													
h11	$\frac{A11}{h11}$	$\frac{B11}{h11}$	$\frac{C11}{h11}$	$\frac{D11}{h11}$				$\frac{H11}{h11}$													
h12		$\frac{B12}{h12}$						$\frac{H12}{h12}$													

注：标注 "▼" 的配合为优先配合。

5. 公差等级与加工方法的关系

附表 5-8　公差等级与加工方法的关系

加工方法	公差等级（IT）																	
	01	0	1	2	3	4	5	6	7	8	9	10	11	12	13	14	15	16
研　磨	■	■	■	■	■	■	■											
珩						■	■	■										
圆磨、平磨							■	■	■	■								
金刚石车、金刚石镗							■	■	■									
拉　削							■	■	■									
铰　孔								■	■	■	■							
车、镗									■	■	■	■						
铣										■	■	■						
刨、插												■	■					
钻　孔												■	■	■				
滚压、挤压												■	■					
冲　压												■	■	■				
压　铸													■	■	■			
粉末冶金成型								■	■	■								
粉末冶金烧结									■	■	■							
砂型铸造、气割																		■
锻　造																	■	

253

附录六　常用材料

附表 6-1　金属材料

标准	名称	牌号	应用举例	说明
GB/T 700 —2006	碳素结构钢	Q215-A Q215-B	金属结构件、拉杆、套圈、铆钉、螺栓、短轴、心轴、凸轮（载荷不大的）、吊钩、垫圈、渗碳零件及焊接件	Q 表示屈服点，数字表示屈服点的数值。如其后面的字母为质量等级符号（A、B、C、D）
		Q235-A	金属结构件，心部强度要求不高的渗碳或氰化零件，吊钩、拉杆、车钩、套圈、气缸、齿轮、螺栓、螺母、连杆、轮轴、楔、盖及焊接件	
		Q275	转轴、心轴、轴销、链轮、刹车杆、螺母、螺栓、垫圈、连杆、吊钩、楔、齿轮、键以及其他强度较高的零件。这种钢焊接性尚可	
GB/T 699 —2015	优质碳素结构钢	10	这种钢的屈服点和抗拉强度比值较低，塑性和韧性均高，在冷状态下，容易模压成形。一般用于拉杆、卡头、钢管垫片、垫圈、铆钉。这种钢焊接性甚好	牌号的两位数字表示平均含碳量。45 钢即表示平均含碳量为 0.45% 含锰量较高的钢，须加注化学元素符合 "Mn" 含碳量 ≤0.25% 的碳钢是低碳钢（渗碳钢） 含碳量在 0.25%～0.60% 的碳钢是中碳钢（调质钢） 含碳量大于 0.60% 的碳钢是高碳钢
		15	塑性、韧性、焊接性和冷冲性均良好，但强度较低。用于制造受力不大、韧性要求较高的零件、紧固件、冲模锻件及不要热处理的低载荷零件，如螺栓、螺钉、拉条、蒸汽锅炉等	
		20	用于不受很大应力而要求很大韧性的各种机械零件，如杠杆、轴套、螺钉、拉杆、起重钩等。也用于制造压力<6.08 MPa、温度<450 ℃ 的非腐蚀介质中使用的零件，如管子、导管等	
		25	性能与 20 钢相似，用于制造焊接设备，以及轴、辊子、连接器、垫圈、螺栓、螺钉、螺母等。焊接性及冷应变塑性均好	
		35	用于制造曲轴、转轴、轴销、杠杆、连杆、横梁、星轮、圆盘、套筒、钩环、垫圈、螺钉、螺母等。一般不作焊接用	
		40	用于制造辊子、轴、曲柄销、活塞杆、圆盘等	
		45	用于强度要求较高的零件，如汽轮机的叶轮、压缩机、泵的零件等	
		60	这种钢的强度和弹性相当高，用于制造轧辊、轴、弹簧圈、弹簧、离合器、凸轮、钢绳等	
		65Mn	适于制造弹簧、弹簧垫圈、弹簧环和片以及冷拔钢丝（直径≤7 mm）和发条	

标 准	名 称	牌 号	应 用 举 例	说 明
GB/T 3077 —1999	合金结构钢	20Mn2	对于截面较小的零件,相当于10Cr钢,可作渗碳小齿轮、小轴、活塞销、柴油机套筒、气门推杆、钢套等	钢中加入一定量的合金元素,提高了钢的力学性能和耐磨性,也提高了钢的淬透性,保证金属在较大截面上获得高力学性能
		45Mn2	用于制造在较高应力与磨损条件下的零件。在直径≤60 mm时,与40Cr相当。可作万向接轴、齿轮、蜗杆、曲轴等	
		15Cr	船舶主机用螺栓、活塞销、凸轮、凸轮轴、汽轮机套环,以及机车用小零件等,用于心部韧性较高的渗碳零件	
		40Cr	用于较重要的调质零件,如洗车转向节、连杆、螺栓、进气阀、重要齿轮、轴等	
		35SiMn	除要求低温(-20 ℃)、冲击韧度很高时,可全面代替40Cr钢作调质零件,亦可部分代替40CrNi钢。此钢耐磨、耐疲劳性均佳,适用于作轴、齿轮及在430 ℃以下的重要紧固件	
		20CrMnTi	工艺性能特优,用于汽车、拖拉机上的重要齿轮和一般强度、韧性均高的减速器齿轮,供渗碳处理	
GB/T 11352 —1989	铸钢	ZG230-450（ZG25）	铸造平坦的零件,如机座、机盖、箱体,工作温度在450 ℃以下的管路附件等。焊接性良好	"ZG"为铸钢二字汉语拼音的首位字母,后面第一组数字表示屈服点强度,第二组数字表示抗拉强度
		ZG310-570（ZG45）	各种形状的机件,如联轴器、轮、气缸、齿轮、齿轮圈及重载荷机架等	
GB/T 9439 —1988	灰铸铁	HT150	用于制造端盖、汽轮泵体、轴承座、阀壳、管子及管路附件、手轮;一般机床底座、床身、滑座、工作台等	"HT"为灰铁二字的汉语拼音的第一个字母,后面的数字表示抗拉强度
		HT200	用制造气缸、齿轮、底架、机体、飞轮、齿条、衬筒;一般机床铸有导轨的床身及中等压力(8 MPa以下)的液压筒、液压泵和阀体等	
		HT250	用于制造阀壳、液压缸、气缸、取轴器、机体、齿轮、齿轮箱外壳、飞轮、衬筒、凸轮、轴承座等	
		HT300 HT350 HT400	用于制造齿轮、凸轮、车床卡盘、剪床、压力机的机身;导板、六角自动车床及其他重载荷机床铸有导轨的床身;高压液压筒、液压泵和滑阀的壳体等	
GB/T 1176 —1988	球铸铁	QT500-7 QT450-10 QT400-18	具有较高的强度和塑性。广泛用于受磨损和受冲击的零件,如曲轴(一般用 QT600-3)、齿轮(一般用QT400-18)、气缸套、活塞环、摩擦片、中低压阀门、千斤顶座、轴承座等	"QT"是球铸铁代号,后面的数字分别是为抗拉强度和伸长率的大小

标　准	名　称	牌　号	应用举例	说　明
GB/T 1176 —2013	铸黄铜	ZHMnD58-2-2	用于制造轴瓦、轴套及其他耐磨零件	ZHMnD58-2-2 表示含铜 57%～80%、锰 1.5%～2.5%、铅 1.5%～2.5%的铸黄铜
GB/T 1173 —2013	铸锡青铜	ZQSbD6-6-3	用于受中等冲击载荷和在液体或半液体润滑及耐蚀条件下工作的零件，如轴承、轴瓦、蜗轮、螺母，以及承受 1.01×10³ kPa 以下的蒸汽和水的配件	"Q"表示青铜，ZQSnD6-6-3 表示含锡 5%～7%、锌 5%～7%、铅 2%～4%的铸锡青铜
	铸无锡青铜	ZQAID9-4	强度高、减磨性、耐蚀性、受压、铸造性均良好。用于在蒸汽和海水条件下工作的零件及受摩擦和腐蚀的零件，如蜗轮衬套等	
	铸造铝合金	ZL102	耐磨性中上等，用于制造载荷不大的薄壁零件	"Z"表示铸，"L"表示铝，后面第一位数字表示类别，第二、第三位数为顺序号
GB/T 3190 —2008	硬铝	LY11 LY12	适于制作中等强度的零件，焊接性能好	
GB/T 1299 —2014	碳素工具钢	T7 T7A	能承受振动和冲击的工具，硬度适中时有较大的韧性。用作凿子、钻软岩石的钻头、冲击式打眼机钻头、大锤等	用"碳"或"T"后附以平均含碳量的千分数表示，有 T7～T13。高级优质碳素工具钢须在牌号后加注"A"
		T8 T8A	有足够的韧性和较高的硬度，用于制造能承受振动的工具，如钻中等硬度岩石的钻头、简单模子、冲头等	平均含碳量为 0.7%～1.3%

附表 6-2　非金属材料

标　准	名　称	牌　号	应用举例	说　明
GB/T 539—2008	耐油石棉橡胶板	NY250 HNY300	供航空发动机用的煤油、润滑油及冷气系统结合处的密封衬垫材料	有 0.4～3.0 mm 的十种厚度规格
GB/T 5574—2008	耐酸碱橡胶板	2707 2807 2709	具有耐酸碱性能，在温度 −30～+60 ℃ 的 20% 浓度的酸碱液体中工作，用于冲剌密封性能较好的垫圈	较高硬度 中等硬度
	耐油橡胶板	3707 3807 3709 3809	可在一定温度的全损耗系统用油、变压器油、汽油等介质中工作，适用于冲制各种形状的垫圈	较高硬度
	耐热橡胶板	4708 4808 4710	可在 −30～+100 ℃ 且压力不大的条件下，于热空气、蒸汽介质中工作，用于冲剌各种垫圈及隔热垫板	较高硬度 中等硬度
FZ/T 25001—2012	毛毡	T112 T122 T132	用于密封、防漏油、防振、缓冲衬垫等	厚度 1.5～25 mm
QB/T 2200—1996	软钢纸板		用于密封连接处垫片	厚度 0.5～3 mm
GB/T 15597.1—2009	有机玻璃	PMMA	用于耐腐蚀需要透明的零件	耐盐酸、硫酸、草酸、烧碱和纯碱等一般酸碱以及二氧化硫、臭氧等气体腐蚀

附录七 GB/T 131—2006 标准中对 表面粗糙度的表示法

表面结构是表面粗糙度、表面波纹度、表面缺陷、表面纹理、表面几何形状的总称。表面结构的各项要求在图样上的表示方法请查阅 GB/T 131—2006《产品几何技术规范（GPS）技术产品文件中表面结构的表示法》。

1. 基本概念与术语

实际表面：工件上实际存在的一个表面，它是按所定特征由加工形成的，实际表面是由粗糙度、波纹度和形状叠加而成的一个表面。

实际表面的轮廓（实际轮廓）：由一个平面与实际表面相交所得的轮廓。它由粗糙度轮廓、波纹度轮廓和形状轮廓构成，如附图 7-1 所示。

通过预定的信息转换，对实际表面的轮廓的成分进行分离的一种处理过程，称为分离实际表面轮廓成分的求值系统或称作滤波器。

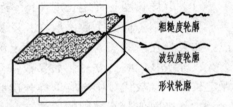

附图 7-1　实际表面的轮廓

轮廓滤波器：把轮廓分成长波和短波成分的滤波器。在测量粗糙度、波纹度和原始轮廓的仪器中使用三种滤波器，它们的传输特性相同但截止波长不同。λ_s 滤波器：确定存在于表面上的粗糙度与比它更短的波的成分之间相交界限的滤波器；λ_c 滤波器：确定粗糙度与波纹度成分之间相交界限的滤波器；λ_f 滤波器：确定存在于表面上的波纹度与比它更长的波的成分之间相交界限的滤波器。

原始轮廓：在应用短波长滤波器 λ_s 之后的总的轮廓。原始轮廓是评定原始轮廓参数的基础。

粗糙度轮廓：它是对原始轮廓采用滤波器 λ_c 抑制长波成分以后形成的轮廓，这是故意修正的轮廓。粗糙度轮廓的传输频带是由 λ_s 和 λ_c 轮廓滤波器来限定的，粗糙度轮廓是评定粗糙度轮廓参数的基础。

波纹度轮廓：它是对原始轮廓连续应用 λ_f 和 λ_c 两个滤波器以后形成的轮廓。采用 λ_f 滤波器抑制长波成分，而采用 λ_c 滤波器抑制短波成分。这是故意修正的轮廓。波纹度轮廓的传输频带是由和轮廓滤波器 λ_f 和 λ_c 来限定的，波纹度轮廓是评定波纹度轮廓参数的基础。

2. 表面结构参数的术语

对于表面结构的情况，可以用三种参数评定：轮廓参数（参阅 GB/T 3505—2009）；图形参数（参阅 GB/T 18618—2009）；支承率曲线参数（参阅 GB/T 18778.2—2003 和 GB/T 18778.3—2003）。工程图样中常用的轮廓参数：

P 参数：从原始轮廓上计算所得的参数。

R 参数：从粗糙度轮廓上计算所得的参数。

W 参数：从波纹度轮廓上计算所得的参数。

下面介绍轮廓参数中的粗糙度轮廓（R 轮廓）的 Ra、Rz 参数及标注。

如附图 7-2 所示，算术平均偏差 Ra 在取样长度内，沿测量方向（z 方向）的轮廓线上的点与基准线之间距离绝对值的算术平均值。轮廓最大高度 Rz，在取样长度内，轮廓最高峰顶线和最低谷底线之间的距离。

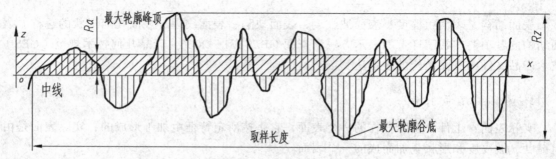

附图 7-2　粗糙度轮廓计算

（1）取样长度与评定长度（ln）标注。

当取 5 个（标准个数）取样长度测定粗糙度轮廓参数时，不需要在参数符号后面作出标记；如果是在不等于 5 个取样长度上测得的参数值，则必须在参数符号后面附注取样长度的个数，如 $Ra1$，$Rz1$，$Rz3$。如参数符号没有"max"标记，默认为评定长度；如没有默认的评定长度，参数代号中应有取样长度的个数。

（2）极限值判断规则的标注。

如标注参数代号后无"max"，表明给定极限的默认定义或默认解释 16% 规则，即对于按一个参数的上限值（GB/T 131）规定要求时，如果在所选参数都用同一评定长度上的全部实测值中，大于图样或技术文件中规定值的个数不超过总数的 16%，则该表面是合格的。对于给定表面参数下限值的场合，如果在同一评定长度上的全部测得值中，小于图样或技术文件中规定值的个数不超过总数的 16%，该表面也是合格的。为了指明参数的上、下限值，所用参数符号没有"max"标记。），否则应用最大规则解释其给定极限。检验时，若规定了参数的最大值要求（见 GB/T 131—2006），则在被检的整个表面上测得的参数值一个也不应超过图样或技术文件中的规定值。为了指明参数的最大值，应在参数符号后面增加一个"max"的标记，如 $Rx1max$。）

（3）传输带和取样长度的标注。

传输带：是两个定义的滤波器之间的波长范围（见 GB/T 6062，GB/T 18777）。当参数代号中没有标注传输带时，采用默认的传输带。否则应指定传输带即短波滤波器或长波滤波器。传输带应标注在参数代号的前面，并用斜线"/"隔开。传输带标注包括滤波器截止波长（mm），短波滤波器在前，长波滤波器在后，并用连字号"-"隔开。标注一个滤波器时应保留连字号"-"以区分短波滤波器和长波滤波器。

（4）单向极限与双向极限的标注。

当只标注参数代号、参数值和传输带时，应默认为参数的上限值；当只有参数代号、参数值和传输带作为参数的单向下限值标注时，参数代号前加"L"。

在完整符号中表示双向极限时应标注极限代号，上限值在上方用"U"表示，下限值在下方用"L"表示，如同一参数具有双向极限要求，在不引起误解的情况下，可以不加"U，L"。

3. 表面粗糙度代号

（1）表面粗糙度的图形符号。

表面粗糙度的图形符号如附图 7-3 所示。

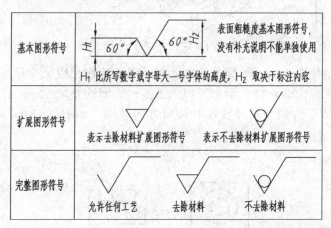

位置 a 注写表面粗糙度的单一要求
位置 a 和 b 注写两个或多个表面粗糙度的要求
位置 c 注写加工方法
位置 d 注写加工纹理方向符号
位置 e 注写加工余量

附图 7-3   表面粗糙度的图形符号

（2）表面粗糙度代号。

表面粗糙度的图形符号注写各种参数值要求，后称为表面粗糙度代号，附图 7-4 举例说明表面粗糙度代号的意义。

代　号	含　义
$Rz\ 0.4$	表示不允许去除材料，单向上限值，默认传输带，R 轮廓，算术平均偏差 0.4 μm，评定长度为 5 个取样长度（默认），"16% 规则"（默认）。取样长度在 GB/T 10610、GB/T 6062 中查取
$Rz\max 0.2$	表示去除材料，单向上限值，默认传输带，R 轮廓，粗糙度的最大高度 0.2 μm，评定长度为 5 个取样长度（默认），"16% 规则"（默认）
$0.008 \sim 0.8 / Ra\ 3.2$	表示去除材料，单向上限值，传输带 0.008~0.8 mm，R 轮廓，算术平均偏差 3.2 μm，评定长度为 5 个取样长度（默认），"16% 规则"（默认）。取样长度等于 λ_c，即 $l = 0.8$ mm
$-0.8 / Ra3\ 3.2$	表示去除材料，单向上限值，传输带：根据 GB/T 6062，取样长度为 0.8 mm（λ_s 默认 0.002 5 mm），R 轮廓，算术平均偏差 3.2 μm，评定长度包含 3 个取样长度，"16% 规则"（默认）
$U\ Ra\max 3.2$ $L\ Ra\ 0.8$	表示不允许去除材料，双向极限值，两极限值均使用默认传输带，R 轮廓，上限值：算术平均偏差 3.2 μm，评定长度为 5 个取样长度（默认），最大规则。下限值：算术平均偏差 0.8 μm，评定长度为 5 个取样长度（默认），"16% 规则"（默认）

附图 7-4   表面粗糙度代号

4. 表面粗糙度在图样中的标注

当图样中某个视图上构成封闭轮廓的各个表面有相同的表面粗糙度要求时，在完整图形符号上加一个圆圈，标注在封闭的轮廓上，如附图 7-5 所示，图中的表面粗糙度符号是指对图形中封闭轮廓的六个面的共同要求，不包括前、后面。

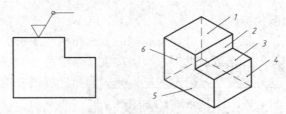

附图 7-5　表面粗糙度在图样中的标注（一）

（1）表面度要求同一张图样上，每个表面一般标注一次，并尽可能注在相应尺寸及其公差的同一视图上，除非另有说明，所标注的粗糙度要求是对完工零件表面的要求。

（2）表面粗糙度符号的注写和读取方向与尺寸注写和读取方向一致，如附图 7-6（a）所示。

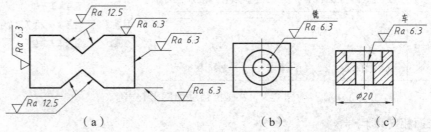

附图 7-6　表面粗糙度在图样中的标注（二）

（3）表面粗糙度符号可标注在轮廓线（或其延长线）上或指引上，其符号应从材料外指向材料内并接触表面，必要时，表面粗糙度符号也可用带箭头或黑点的指引线引出标注，如附图 7-6 所示。

（4）表面粗糙度符号在不引起误解的情况下，可标注在给定尺寸的尺寸线上。表面粗糙度符号可标注在形位公差的方格上，如附图 7-7 所示。

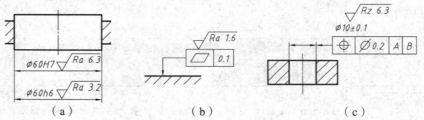

附图 7-7　表面粗糙度在图样中的标注（三）

（5）圆柱与棱柱的表面粗糙度要求只标注一次，如果每个棱柱的表面粗糙度有不同的要求，则应分别单独标注，如附图 7-8 所示。

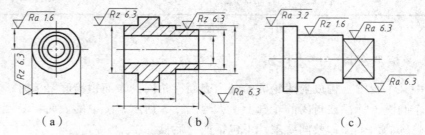

附图 7-8　表面粗糙度在图样中的标注（四）

260

（6）表面粗糙度的简化标注。

如果在工件的多数（包括全部）表面有相同的表面粗糙度要求时，其表面粗糙度的要求可以统一标注在图样的标题栏附近。此时表面粗糙度要求的符号后应有：在圆括号内给出无任何其他标注的基本符号；在圆括号内给出不同的表面粗糙度的要求。不同的表面粗糙度的要求应直接标注在图形中，如附图 7-9 所示。

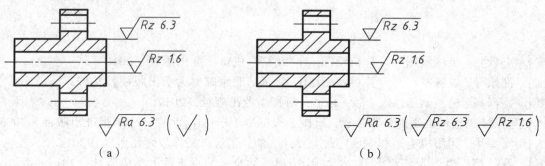

附图 7-9　表面粗糙度的简化标注（一）

多个表面具有共同要求的注法：可用带字母的完整符号，以等式的形式，在图形或标题栏附近，对有相同表面粗糙度要求的表面进行简化标注，如附图 7-10 所示。

附图 7-10　表面粗糙度的简化标注（二）

对只有表面粗糙度符号要求的表面进行简化标注，如附图 7-11 所示。

附图 7-11　表面粗糙度的简化标注（三）

两种或多种工艺获得同一表面的标注方法，如附图 7-12 所示。

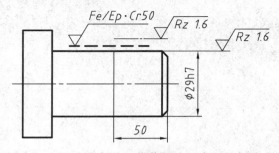

附图 7-12　两种或多种工艺获得同一表面的标注方法

参考文献

[1] 冯秋官. 机械制图与计算机绘图[M]. 北京：机械工业出版社，2010.

[2] 邵娟琴. 机械制图与计算机绘图[M]. 北京：北京邮电大学出版社，2017.

[3] 富国亮. 机械制图[M]. 2 版. 北京：机械工业出版社，2017.

[4] 《机械工程标准手册》编委会. 机械工程标准手册[M]. 北京：中国标准出版社，2003.

[5] 童幸生. 实用机电工程制图习题集[M]. 3 版. 北京：高等教育出版社，2014.

[6] 石品德，潘周光，曹小荣. 机械制图[M]. 北京：北京工业大学出版社，2017.

[7] 宋敏生. 机械图识图技巧[M]. 北京：机械工业出版社，2007.

[8] 崔洪斌，陈曹维，于冬梅. AutoCAD 实践教程（2008 版）[M]. 北京：高等教育出版社，
2016.